高职高专"十二五"规划教材

典型原料产品分析

樊树红　主编

化学工业出版社

·北京·

本书分为六个学习情境，分别为工业浓硝酸成品分析、肥料分析、煤气分析、煤质分析、钢铁分析、水泥分析。

本书内容丰富、结构紧凑、通俗易懂，符合认知规律。项目、任务的选择均来自生产实践，具有较强的实用性和科学性。每个学习项目中均穿插学习评价习题，便于及时检查、总结和提高。

本书可作为高职高专院校工业分析、精细化工、石油化工、应用化工、有机化工等专业的教材，也可作为成人教育和职业培训的指导教材，对从事企业生产、分析操作人员和相关工程技术人员也具有一定的参考价值。

图书在版编目（CIP）数据

典型原料产品分析/樊树红主编. —北京：化学
工业出版社，2014.11
高职高专"十二五"规划教材
ISBN 978-7-122-21851-3

Ⅰ.①典…　Ⅱ.①樊…　Ⅲ.①化学工业-原料-高等
职业教育-教材　Ⅳ.①TQ042

中国版本图书馆 CIP 数据核字（2014）第 215649 号

责任编辑：陈有华　窦　臻　　　　　　　　文字编辑：刘志茹
责任校对：宋　玮　　　　　　　　　　　　装帧设计：王晓宇

出版发行：化学工业出版社（北京市东城区青年湖南街 13 号　邮政编码 100011）
印　　装：北京云浩印刷有限责任公司
787mm×1092mm　1/16　印张 6½　字数 156 千字　2015 年 1 月北京第 1 版第 1 次印刷

购书咨询：010-64518888（传真：010-64519686）　　售后服务：010-64518899
网　　址：http://www.cip.com.cn
凡购买本书，如有缺损质量问题，本社销售中心负责调换。

定　　价：20.00 元

前言

　　本书是面向高等职业教育工业分析岗位、企业分析操作人员，由校企共同合作编写的教材，是为了满足教育部对高等职业教育教学改革、在"工业分析"（"典型原料产品分析"）课程改革的基础上编写而成的。

　　"典型原料产品分析"是一门实践性较强的课程。为了适应现代高等职业教育的特点和学生的认知规律，本书从职业教育的特点出发，针对生产原料、中间体和产品分析的职业岗位需求，以应用能力的培养为重点，以工作过程系统化的理念为指导，以典型项目为依托，实现"教、学、做"合一。

　　本书在内容的选取上立足于技能型人才培养的知识要求，在内容的编排上打破传统教材模式，构建学习项目展开教学，在项目的实施过程中实现知识和技能的学习，突破重点和难点，以利于学生今后工作中能很快适应岗位的需要，应用所学知识解决现场遇到的技术问题。

　　本书设定了六个学习情境和一个综合实训指导。学习情境一为"工业浓硝酸成品分析"，介绍工业浓硝酸中硝酸、亚硝酸及硫酸的测定原理及方法。学习情境二为"肥料分析"，介绍取样方法及氮、磷、钾的测定方法和原理。学习情境三为"煤气分析"，介绍气体分析的基本原理和煤气试样的采集方法。学习情境四为"煤质分析"，介绍煤炭中水分、灰分、挥发分、固定碳、全硫的测定。学习情境五为"钢铁分析"，介绍钢铁试样的采集与制备和钢铁中五种元素含量的测定方法和原理。学习情境六为"水泥分析"，介绍水泥样品的采集和预处理的方法、水泥中二氧化硅测定的方法及原理、水泥中氧化铁测定的方法及原理、水泥中二氧化钛测定的方法及原理。

　　在每个学习情境中又根据不同测定原理和方法分为若干学习任务，每个学习任务按照知识点拨、知识运用、知识拓展、知识总结评价的顺序进行，满足工作前、工作时、工作后的知识需求，并为读者今后的知识拓展打下一定的基础。本书内容丰富、结构紧凑、通俗易懂。

　　本书由扬州工业职业技术学院樊树红主编，龚爱琴、罗斌参编，沈发治主审。樊树红编写学习情境一、四、五和综合实训指导；龚安琴编写学习情境二、三；罗斌编写学习情境六。樊树红和扬农化工集团的刘平负责全书的策划、编排和统稿。在编写过程中得到了扬州职业大学、江苏省盐城技师学院等的大力支持，并给予了许多宝贵的建议，在此一并表示感谢。

　　由于作者水平有限，书中难免有不妥之处，恳请读者批评指正。

编者

2014 年 6 月

目录

学习情境一

工业浓硝酸成品分析

任务 1　概　　述

一、纯硝酸物理性质

纯硝酸是无色油状液体，开盖时有烟雾，挥发性强；熔点$-42℃$，沸点$83℃$，密度$1.5g/cm^3$，与水任意比互溶；常见硝酸质量分数为$63\%\sim69.2\%$，浓度为$14\sim16mol/L$，呈棕色（分析原因）发烟硝酸。

二、纯硝酸化学性质

1. 强腐蚀性

硝酸能严重损伤金属、橡胶和肌肤，因此不得用胶塞试剂瓶盛放硝酸。

2. 不稳定性

硝酸光或热条件下分解：

$4HNO_3 \longrightarrow 4NO_2\uparrow + O_2\uparrow + 2H_2O$，所以硝酸要避光保存。

3. 强酸性

硝酸在水溶液里完全电离，具有酸的通性。

4. 强氧化性

硝酸浓度越大，氧化性越强。

氧化性：王水 $HNO_3 + HCl > $ 浓 $HNO_3 > $ 稀 HNO_3。

三、硝酸的制法

1. 实验室制法

$$NaNO_3(s) + H_2SO_4(浓) \xrightarrow{微热} NaHSO_4 + HNO_3$$

2. 氨氧化法制硝酸

$$4NH_3 + 5O_2 \longrightarrow 4NO + 6H_2O（氧化炉中）$$

$$2NO + O_2 \longrightarrow 2NO_2 （冷却器中）$$

$$3NO_2 + H_2O \longrightarrow 2HNO_3 + NO （吸收塔）$$

$$4NO_2 + O_2 + 2H_2O \longrightarrow 4HNO_3 （吸收塔）$$

过程：

（1）先将液氨蒸发，再将氨气与过量的空气混合后通入装有铂、铑合金网的氧化炉中，在 800℃左右氨很快被氧化为 NO，该反应放热可使铂铑合金网（催化剂）保持炽热状态。

（2）由氧化炉里导出的 NO 和空气混合气在冷凝器中冷却与 O_2 反应生成 NO_2。

（3）再将 NO_2 与空气的混合气通入吸收塔，由塔顶喷淋水，水流在塔内填充物迂回流下，塔底导入的 NO_2 和空气的混合气在填充物上迂回向上，这样气流与液流相逆而行使接触面增大，便于气体吸收。从塔底流出的硝酸含量仅达 50%，不能直接用于军工、染料等工业，必须将其制成 98% 以上的浓硝酸。浓缩的方法主要是将稀硝酸与浓硫酸或硝酸镁混合后，在较低温度下蒸馏而得到浓硝酸。尾气处理：烧碱吸收氮的氧化物使其转化为有用的亚硝酸盐（有毒），即"工业盐"。

$$NO+NO_2+2NaOH \longrightarrow 2NaNO_2+H_2O$$

任务 2　硝酸含量的测定

一、方法原理

将硝酸试样加入过量的氢氧化钠标准滴定溶液中，用甲基橙为指示剂，用硫酸标准溶液进行返滴定。

二、仪器和试剂

1. 仪器

安瓿球：直径约 20mm，毛细管端长约 60mm；500mL 碘量瓶。

2. 试剂

$c(NaOH)＝1mol/L$ 的氢氧化钠标准溶液；$c\left(\dfrac{1}{2}H_2SO_4\right)＝1mol/L$ 的硫酸标准溶液；1g/L 的甲基橙指示剂。

三、测定步骤

1. 称取空安瓿球的质量（准确至 0.0002g），然后在火焰上加热安瓿球后，趁热用安瓿球吸取 1.5～2.0mL 的硝酸试液后，用吸水纸擦拭安瓿球毛细管后，封口、称量。

2. 将盛有试液的安瓿球小心置于预先盛有 100mL 水和 50.00mL 的 $c(NaOH)＝1mol/L$ 的氢氧化钠标准溶液的 500mL 碘量瓶中，塞紧瓶塞，然后剧烈振荡，使安瓿球完全破碎，摇动碘量瓶至酸雾消失为止。

3. 取下瓶塞，用少量水冲洗瓶塞和瓶口后，加 1～2 滴甲基橙指示剂，用 $c\left(\dfrac{1}{2}H_2SO_4\right)＝1mol/L$ 的硫酸标准溶液滴定至橙色为终点。平行测定三次。

四、结果计算

$$w(HNO_3)\%＝\frac{(c_1V_1-c_2V_2)M}{m×1000}×100-1.34w_1-1.29w_2$$

式中　c_1——氢氧化钠标准溶液的浓度，mol/L；

c_2——$c\left(\dfrac{1}{2}H_2SO_4\right)$ 标准溶液的浓度；

V_1——氢氧化钠标准溶液的体积，mL；

V_2——滴定所消耗硫酸标准溶液的体积，mL；

m——试样的质量，g；

M——硝酸的摩尔质量，g/mol；

w_1——HNO_2 的质量分数；

w_2——H_2SO_4 的质量分数；

1.34——将亚硝酸换算为硝酸的系数；

1.29——将硫酸换算为硝酸的系数。

任务 3　亚硝酸含量的测定

一、方法原理

用高锰酸钾标准溶液氧化样品中的亚硝酸盐为硝酸盐，再加入过量的硫酸亚铁铵溶液，然后用高锰酸钾标准溶液滴定过量的硫酸亚铁铵。

二、仪器和试剂

1. 仪器

500mL 碘量瓶；密度计。

2. 试剂

40g/L 的硫酸亚铁铵溶液；$c\left(\dfrac{1}{5}KMnO_4\right)=0.1mol/L$ 的高锰酸钾标准溶液；硫酸溶液（1+8）；1g/L 的甲基橙指示剂。

三、测定步骤

1. 用被测样品清洗量筒后，注入样品密度计测定密度。

2. 于 500mL 碘量瓶中，加入 100mL 低于 25℃ 的水，20mL 低于 25℃ 的硫酸溶液（1+8），准确加入 V_0 mL 的高锰酸钾标准溶液。

3. 用移液管准确移取 10.00mL 的样品，迅速加入碘量瓶中，立即塞紧瓶塞，用冷水冷却到室温，摇动到酸雾消失为止，加入 25.00mL 的硫酸亚铁铵溶液，用高锰酸钾标准溶液滴定至浅粉红色 30s 不褪色为终点，记下高锰酸钾标准溶液用量为 V_1 mL。平行测定三次。

4. 为了确定在测定条件下两种溶液的相当值，进行空白试验，记下高锰酸钾标准溶液用量为 V_2 mL。

四、结果计算

$$w(HNO_2)=\frac{cV_1M}{\rho V\times 1000}$$

式中　c——高锰酸钾标准溶液的浓度，mol/L；

　　　V_1——滴定所消耗的高锰酸钾标准溶液的体积，mL；

V——移取试样的体积，mL；

M——亚硝酸的摩尔质量，g/mol；

ρ——试样溶液的密度，g/mL。

任务 4　硫酸含量的测定

一、方法原理

样品蒸发后，剩余硫酸在甲基红-亚甲基蓝混合指示剂存在下，用氢氧化钠标准溶液滴定到终点。

二、仪器和试剂

1. 仪器

瓷蒸发皿；250mL 锥形瓶。

2. 试剂

$c(NaOH) = 1mol/L$ 的氢氧化钠标准溶液；$c\left(\dfrac{1}{2}H_2SO_4\right) = 1mol/L$ 的硫酸标准溶液；甲基红-亚甲基蓝混合指示剂。

三、测定步骤

准确移取 25.00mL 的样品于瓷蒸发皿中并置于水浴上，蒸发到硝酸除尽，为了使硝酸全部除尽，可加 2～3 滴甲醛溶液，继续蒸发至干，待蒸发皿冷却后，用水冲洗蒸发皿内的物质，定量移入 250mL 的锥形瓶中，加 2 滴甲基红-亚甲基蓝混合指示剂，用氢氧化钠标准溶液滴定到灰色为终点，平行测定三次。

四、结果计算

$$w(H_2SO_4) = \frac{cV_1M\left(\dfrac{1}{2}H_2SO_4\right)}{\rho V \times 1000} \times 100\%$$

式中　　　　c——氢氧化钠标准溶液的浓度，mol/L；

　　　　　V_1——所消耗的氢氧化钠标准溶液的体积，mL；

$M\left(\dfrac{1}{2}H_2SO_4\right)$——硫酸的摩尔质量，g/mol；

　　　　　V——试样的体积，mL；

　　　　　ρ——试样溶液的密度（利用密度计测得），g/mL。

习　　题

1. 简述硝酸的生产工艺。
2. 浓硝酸为什么要用安瓿球取样？
3. 硝酸含量、亚硝酸含量和硫酸含量的测定原理是什么？

肥料分析

肥料是促进植物生长、提高农作物产量的重要物质之一。它能为农作物的生长提供必需的营养元素，能调节养料的循环，改良土壤的物理、化学性质，促进农业增产。植物生长几乎需要所有的化学元素，其中又分为主要营养元素如碳、氢、氧、氮、磷、钾等；次要营养元素如钙、镁、硫等；微量营养元素如铜、铁、锌、锰、钼、硼、氯等。

碳、氢、氧三种元素可以从空气或水中获得，一般不需特殊提供。钙、镁、铁、硫等元素在土壤中的量也已足够，只有氮、磷、钾需要不断补充，因而被称为肥料三要素。氮肥可以促使作物的茎、叶生长茂盛，叶色浓绿。钾肥可以促使作物生长健壮、茎秆粗硬，增强病虫害和倒伏的抵抗能力，促进糖分和淀粉的生成。磷肥可以促使作物根系发达，增强抗寒抗旱能力，促进作物提早成熟，穗粒增多，籽粒饱满。

肥料的分类方法很多，从来源分，肥料分为自然肥料和化学肥料，人畜尿粪、油饼、腐草、骨粉、草木灰等属于自然肥料，由工业加工制造的铵盐、硝酸盐、尿素、磷酸盐、钾盐等，则为化学肥料。从组成上分，肥料可分为无机肥料和有机肥料。无机肥料是由无机物质组成的肥料，又称化学肥料，简称化肥。在化肥中按所含养分种类又分为氮肥、磷肥、钾肥、钙镁硫肥、复合肥料、微量元素肥料等。常用的磷肥有过磷酸钙、重过磷酸钙、钙镁磷肥、磷矿粉等，常用的钾肥有氯化钾、硫酸钾、窑灰钾肥等，常用的复合肥有磷酸铵、磷酸二铵、硝酸磷肥、磷酸二氢钾及多种掺混复合肥。从存在状态上分，肥料又包括固体肥料如硫酸铵、尿素、过磷酸钙、氯化钾、硼砂、硫酸锌、硫酸锰等，液体肥料如液氨、氨水等，气体肥料如 CO_2。从性质上分，有酸性肥料如过磷酸钙、重过磷酸钙、硫酸铵等，碱性肥料如碳酸氢铵、钙、镁、磷肥，中性肥料如氯化钾、硫酸钾、尿素等。从所含营养元素的数量上分，有单元肥料和复合肥料。从发挥肥效速度上分，有速效肥和缓效肥，从所含有效元素上分有氮肥、磷肥、钾肥。

近年来还迅速发展了部分新型肥料，如叶面肥、微生物肥料。叶面肥是营养元素施用于农作物叶片表面，通过叶片的吸收而发挥其功能的一种肥料，包括氨基酸叶面肥和微量元素叶面肥。微生物肥料是指一类含有活性微生物的特定制品剂，应用于农业生产中能获得特定的肥料效应。微生物肥料的种类很多，按其制品中特定的微生物种类的不同，可分为：细菌肥料（根瘤菌肥，固氮、解磷、解钾菌肥）、放线菌肥料（抗生菌肥料）、真菌类肥料（菌根真菌、霉菌肥料，酵母菌肥料）、光合细菌肥料、复合菌剂肥料（酵素菌肥）等。微生物肥料种类的不同，其功效也不同。如根瘤菌剂、固氮菌剂是固定空气中的氮素，对于豆科作物有效，而对禾本科作物无效。解磷解钾菌肥的作用是促进土壤中难溶性磷、钾养分的溶解释放，供作物吸收。菌根菌剂可以刺激作物生长、促进养分吸收。有的菌剂能加速作物秸秆的腐熟和促进有机废物的发酵分解。

本学习情境根据肥料所含有效元素的不同，分别讨论磷肥、氮肥、钾肥的分析方法。

任务 1 肥料的取样及制样

一、取样方法

对于袋装化肥，通常规定 50 件以内抽取 5 件；51～100 件，每增 10 件，加取 1 件；101～500 件，每增 50 件，加取 2 件；501～1000 件以内，每增 100 件，加取 2 件；1001～5000 件以内，每增 100 件，加取 1 件。将子样均匀地分布该批物料中，然后用采样工具进行采集。

图 2-1 取样钻

取样时，将取样钻（图 2-1）由袋口的一角沿对角线插入袋内的 1/3～3/4 处，旋转 180°后抽出，刮出钻槽中的物料，作为一个子样。

将每批所选取的样品合并在一起充分混匀，然后用四分法缩分至不少于 500g，分装在两个清洁、干燥并具有磨口塞的广口瓶或带盖聚乙烯瓶中，贴上标签。注明生产厂家、产品名称、批号、采样日期和采样人姓名。一瓶供试样制备，一瓶密封保存 2 个月为备样。

在分析之前，应将所采的一瓶样品粉碎至规定粒度（一般要求不超过 1～2mm），混合均匀，用四分法缩分至 100g 左右，置于洁净、干燥的试剂瓶中，作质量分析之用。

二、磷肥的制样方法

（一）磷肥简介

含磷的肥料称为磷肥。磷肥包括自然磷肥和化学磷肥。

磷矿石及农家肥料中的骨粉、骨灰等都是自然磷肥。草木灰、人畜尿粪中也含有一定量的磷，但是，因其同时含有氮、钾等的化合物，故称为复合农家肥。

化学磷肥主要是以自然矿石为原料，经过化学加工处理的含磷肥料。化学加工生产磷肥，一般有两种途径，一种是用无机酸处理磷矿石制造磷肥，如过磷酸钙（又名普钙）、重过磷酸钙（又名重钙）等称为"酸法磷肥"。另一种是将磷矿石和其他配料（如蛇纹石、滑石、橄榄石、白云石）或不加配料，经过高温燃烧分解磷矿石制造磷肥，称为"热法磷肥"，如钙镁磷肥。碱性炼钢炉渣也被认为是热法磷肥，又名钢渣磷肥或汤马斯磷肥。

1. 过磷酸钙的技术条件

国家标准（GB 20413—2006）规定，过磷酸钙应符合的有关技术指标见表 2-1 和表 2-2。

疏松状过磷酸钙外观呈有色疏松状，无机械杂质。

表 2-1　疏松状过磷酸钙的技术指标

项目		优等品	一级品	合格品	
				I	II
有效磷（以 P_2O_5 计）的质量分数/%	≥	18.0	16.0	14.0	12.0
游离酸（以 P_2O_5 计）的质量分数/%	≤	5.5	5.5	5.5	5.5
水分的质量分数/%	≤	12.0	14.0	15.0	15.0

颗粒过磷酸钙外观呈有色颗粒，无机械杂质。

表 2-2　颗粒过磷酸钙的技术指标

项目		优等品	一级品	合格品	
				I	II
有效磷（以 P_2O_5 计）的质量分数/%	≥	18.0	16.0	14.0	12.0
游离酸（以 P_2O_5 计）的质量分数/%	≤	5.5	5.5	5.5	5.5
水分的质量分数/%	≤			10.0	
粒度（1.00～4.75mm 或 3.35～5.60mm）的质量分数/%	≥			80	

2. 重过磷酸钙的技术条件

国家标准（GB 21634—2008）规定，重过磷酸钙应符合的有关技术条件见表 2-3 和表 2-4。

粉状重过磷酸钙外观呈有色粉状物，无机械杂质。粉状重磷酸钙的技术指标见表 2-3。

表 2-3　粉状重磷酸钙的技术指标

项目		优等品	一级品	合格品
总磷（以 P_2O_5 计）的质量分数/%	≥	44.0	42.0	40.0
有效磷（以 P_2O_5 计）的质量分数/%	≥	42.0	40.0	38.0
水溶性磷（以 P_2O_5 计）的质量分数/%	≥	36.0	34.0	32.0
游离酸（以 P_2O_5 计）的质量分数/%	≤		7.0	
游离水的质量分数/%	≤		8.0	

粒状重过磷酸钙外观呈有色颗粒，无机械杂质。粒状重磷酸钙的技术指标见表 2-4。

表 2-4　粒状重磷酸钙的技术指标

项目		优等品	一级品	合格品
总磷（以 P_2O_5 计）的质量分数/%	≥	46.0	44.0	42.0
有效磷（以 P_2O_5 计）的质量分数/%	≥	44.0	42.0	40.0
水溶性磷（以 P_2O_5 计）的质量分数/%	≥	38.0	36.0	35.0
游离酸（以 P_2O_5 计）的质量分数/%	≤		3.0	
游离水的质量分数/%	≤		4.0	
粒度（2.00～4.75mm）的质量分数/%	≥		90	

3. 钙镁磷肥的技术条件

国家标准（GB 20412—2006）规定，钙镁磷肥的技术指标见表 2-5。

钙镁磷肥的外观为灰色粉末，无机械杂质。

表 2-5　钙镁磷肥的技术指标

项目		指标		
		优等品	一等品	合格品
有效五氧化二磷(P_2O_5)的质量分数/%	≥	20	18	16
水分(H_2O)的质量分数/%	≤	0.5	0.5	0.5
碱分(以 CaO 计)的质量分数/%	≥	80	80	80
有效镁(以 MgO 计)的质量分数/%	≥	45.0		
有效硅(以 SiO_2 计)的质量分数/%	≥	20.0	—	
细度(通过 2mm 标准筛)/%	≥	12.0		
细度(通过 0.15mm 标准筛)/%	≥		80	

注：优等品中碱分、可溶性硅和有效镁含量如用户没有要求，生产厂可不作检验。

磷肥的种类很多，本章主要讨论化学磷肥的分析检验方法。

(二) 磷肥的种类

过磷酸钙或重过磷酸钙中含有易溶解于水的磷化合物，因此施用后较易被植物吸收利用，产生肥效，称为"速效磷肥"。钙镁磷肥或钢渣磷肥中的磷化合物则难溶解于水，但是能溶解于有机弱酸，施用后必须经过较长时间，被土壤中的酸缓慢溶解后，才能被植物吸收利用，称用"迟效磷肥"，磷块岩粉（俗称磷矿粉）中的一部分磷化合物也微溶于有机弱酸，所以也常作为迟效磷肥施用。磷灰石中的磷化合物则难溶于有机弱酸，不能直接作为磷肥施用。

磷肥的组成一般比较复杂，往往是一种磷肥中同时含有几种不同性质的含磷化合物。磷肥的主要成分是磷酸的钙盐，有的还含有游离磷酸，虽然它们的性质不同，但是大致可以分为三类。

1. 水溶性磷化合物

可以溶解于水的含磷化合物，如磷酸、磷酸二氢钙［又名磷酸一钙 $Ca(H_2PO_4)_2$］称为水溶性磷化合物。过磷酸钙、重过磷酸钙中主要含水溶性磷化合物，故称为水溶性磷肥，这部分成分可以用水作溶剂，将其中的水溶性磷提取出来。

2. 柠檬酸溶性磷化合物

能被植物根部分泌出的酸性物质溶解后吸收利用的含磷化合物称为柠檬酸溶性磷化合物。在磷肥的分析检验中，是指能被柠檬酸铵的氨溶液或 2% 柠檬酸溶液（人工仿制的、与植物的根部分泌物性质相似的溶液）溶解的含磷化合物，如结晶磷酸氢钙［又名磷酸二钙（$CaHPO_4 \cdot 2H_2O$）］、磷酸四钙（$Ca_4P_2O_9$ 或 $4CaO \cdot P_2O_5$）。钙镁磷肥、钢渣磷肥中主要含这类化合物，故称为柠檬酸溶性磷肥。过磷酸钙、重过磷酸钙中也常含有少量的结晶磷酸二钙。这部分成分可以用柠檬酸溶性试剂作溶剂，将其中的柠檬酸溶性磷化合物提取出来。

3. 难溶性磷化合物

难溶于水也难溶于有机弱酸的磷化合物，如磷酸三钙［$Ca_3(PO_4)_2$］、磷酸铁、磷酸铝等称为难溶性磷化合物。磷矿石几乎全部是难溶性磷化合物。化学磷肥中也常常含有未转化的难溶性磷化合物。

在磷肥的分析检验中，水溶性磷化合物和柠檬酸溶性磷化合物中的磷称为"有效磷"。磷肥中所有含磷化合物中含磷量的总和则称为"全磷"。生产实际中，因为对象或目的不同分别测定有效磷及全磷含量。测定的结果规定用五氧化二磷（P_2O_5）表示。

在磷肥的分析检验中，通常是制成样品溶液后，用适当的沉淀剂将磷沉淀为磷钼酸喹啉或磷钼酸铵与干扰成分分离，然后用重量法或容量法测定。其中，因为磷钼酸喹啉沉淀的组成稳定、溶解度小、颗粒粗大、很少夹带杂质、容易过滤洗涤，而且分子量大、误差较小、准确度较高，分析过程也较为简便、快速，所以磷钼酸喹啉重量法为国家标准规定的仲裁分析法。其他分析法则用于不同要求的日常生产检验分析。由于磷钼酸喹啉法，使用喹啉、丙酮等较贵重试剂，成本较高，故应主要用于有决定作用的关键性分析，而在日常生产控制分析中，最好是使用成本较低、准确度也能满足工业要求的磷钼酸铵容量法。

（三）磷肥的制样方法

1. 水溶性磷的制样方法

过磷酸钙、重过磷酸钙等含水溶性磷化合物，可以按下述过程，用水萃取制备溶液，测定水溶性磷。

精确称取过磷酸钙约 1.5g 或重过磷酸钙约 0.8g（准确至 0.0002g，含 P_2O_5 200～300mL）于小研钵中。加水约 25mL，小心研磨 5～10min，静置待澄清。以慢速滤纸倾泻过滤于已经预先注有（1+1）硝酸 5mL 的 250mL 容量瓶中。向研钵内的残渣中，再加水约 25mL，继续研磨、澄清、过滤，共三次。最后一次，将残渣全部转移于滤纸上。充分洗涤至容量瓶内溶液的体积为约 230mL。稀释至刻度，混合均匀，供测定水溶性磷。残渣保留，供制备测定有效磷的分析试液。

2. 有效磷的制样方法

不同磷肥中，有效磷化合物的性质不同，必须针对不同磷肥用不同方法处理。

（1）过磷酸钙、重过磷酸钙　这两种磷肥中的有效磷，主要是水溶性的 H_3PO_4 及 $Ca(H_2PO_4)_2$，同时也含有少量可溶于柠檬酸铵氨溶液的 $CaHPO_4 \cdot 2H_2O$。因为在磷酸或磷酸二氢钙存在时，柠檬酸铵的氨溶液的酸性增强，萃取能力增大，可能溶解其他非有效的含磷化合物，所以必须先用水按前述方法处理、萃取游离磷酸及磷酸二氢钙。剩余不溶残渣，再用柠檬酸铵的氨溶液萃取，然后合并两种萃取液，测定有效磷。用柠檬酸铵的氨溶液萃取时，其萃取效率的高低和萃取剂的浓度、酸碱度及温度等条件密切相关，必须严格遵守规程。

① 试剂

氨水；

柠檬酸水合物；

0.2%甲基红指示剂溶液；

0.1mol/L 硫酸标准溶液 $\left[c\left(\dfrac{1}{2} H_2SO_4 \right) = 1.000 \text{mol/L} \right]$。

碱性柠檬酸铵溶液：又名"彼得曼试剂"，按一定的严格配方制备。要求 1L 溶液中含未风化的结晶柠檬酸水合物 173g 和 42g 以氨形式存在的氮。配制时用吸量管吸取 10mL 氨水溶液，置于预先盛有 400～450mL 水的 500mL 容量瓶中，用水稀释至刻度，混匀。从 500mL 容量瓶中用吸量管吸取 25mL 溶液两份，分别移入预先盛有 25mL 水的 250mL 锥形瓶中，加 2 滴甲基红指示液，用硫酸标准溶液滴定至溶液呈红色。1L 氨水溶液中，以氨的质量分数表示的氮含量 $w(NH_3)$ 按下式计算：

$$w(NH_3) = \frac{cV \times 0.01401 \times 1000}{10 \times \dfrac{25}{250}} \times 100\% = cV \times 28.02$$

式中　c——硫酸标准滴定溶液的浓度，mol/L；

　　　　V——测定时，消耗硫酸标准滴定溶液的体积，mL；

0.01401——与 1.00mL 硫酸标准滴定溶液 $\left[c\left(\dfrac{1}{2}H_2SO_4\right)=1.000\,mol/L\right]$ 相当的以 g 表示的

　　　　　　氮的质量。配制 V_1 L 碱性柠檬酸铵溶液所需氨水溶液的体积 V_2 按下式计算：

$$V_2=\frac{42V_1}{w(NH_3)}=\frac{42V_1}{cV\times28.02}=\frac{1.5V_1}{cV}$$

式中　c——硫酸标准滴定溶液的浓度，mol/L；

　　　　V——测定时，消耗硫酸标准滴定溶液的体积，mL。

　　按计算的体积 V_2 量取氨水溶液，将其注入试剂瓶中，瓶上应有欲配的碱性柠檬酸铵溶液体积的标线。仪器装置见图 2-2。

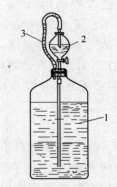

图 2-2　彼得曼试剂瓶
1—试剂瓶；2—分液漏斗；3—橡胶管

　　根据配制每升碱性柠檬酸铵溶液需要 173g 柠檬酸，称取计算所需柠檬酸的用量，再按每 173g 柠檬酸需要 200～250mL 水溶液的比例，配制成柠檬酸溶液。经分液漏斗将溶液慢慢注入盛有氨水溶液的试剂瓶中，同时瓶外用大量冷水冷却，然后加水至标线，混匀，静置两昼夜后使用。

　　② 有效磷的提取　将用水萃取水溶性磷后的不溶残渣及滤纸，仔细小心粉碎，转移于250mL 容量瓶中。加彼得曼试剂 100mL，塞好瓶塞。充分振荡至滤纸全部碎裂为纤维状。置于 (60±1)℃ 的恒温水浴中保温 30min（每隔 10min 振荡一次，温热时瓶塞切勿塞紧，以防瓶内氨液受热汽化，压力增大，炸裂容量瓶）。冷却后，稀释至刻度，混合均匀，以干燥慢速滤纸过滤，弃去最初浑浊滤液，其余滤液与水萃取液等体积合并测定有效磷。

　　(2) 钙镁磷肥、钢渣磷肥　这两种化学含磷肥料的主要成分是磷酸四钙（$Ca_4P_2O_9$）。磷酸四钙的酸性更弱，不能溶解于柠檬酸铵的氨溶液而能溶解于稀柠檬酸溶液中，但是溶解效率也和萃取剂的浓度及萃取条件有密切关系，所以也必须严格遵守规程。

　　① 试剂　2% 柠檬酸。

　　② 有效磷的提取　精确称取钙镁磷肥或钢液磷肥约 1g（准确至 0.0002g）于干燥的250mL 玻璃塞锥形瓶中。精确加入 2% 柠檬酸溶液 100.00mL，塞紧瓶塞。在 25～30℃ 温度下，用电动振荡器或人工不断振荡 30min，然后立即用干燥的慢速滤纸过滤，弃去最初20mL 滤液，其余滤液供测定有效磷用。

　　(3) 磷酸钙、偏磷酸钙、磷酸铵复合肥　这三种磷肥能溶解于中性柠檬酸铵溶液中，萃

取时也要严格遵守规定的条件。

① 试剂　中性柠檬酸铵溶液：柠檬酸铵 450g，溶解于适量水中，缓慢加入氨水至 pH 恰恰为 7（以酚红试纸检验，由黄色变为红色）。然后稀释至在 20℃ 时溶液的相对密度为 1.09。

② 有效磷的提取　精确称取沉淀磷酸约 1g（偏磷酸钙或磷酸铵复合肥 0.5g，准确至 ±0.0002g）于 250mL 容量瓶中。加中性柠檬酸铵溶液 100mL，激烈振荡 10min 后，静置过夜。然后，于 50℃ 恒温水浴中保温 1h（每隔 15min 振荡一次，加热时及振荡后，应打开瓶塞，以防瓶内溶液受热汽化，压力增大，容量瓶炸裂），冷却后，稀释至刻度。用干燥的慢速滤纸过滤，弃去最初 20mL 滤液，其余滤液供测定有效磷。

3. 全磷的制样方法

任何化学磷肥都可能因为转化反应不完全而含有少量不溶解于水或其他萃取剂的难溶性磷化合物中。磷矿石中几乎全部是难溶性磷化合物。由于磷酸钙、磷酸铁、磷酸铝等，毕竟是中等强酸（磷酸）形成的难溶性钙盐，能溶解于强酸。因此，如果用无机强酸（例如盐酸及硝酸的混合酸）溶解难溶性磷化合物主要是依靠盐酸，硝酸在此主要是发挥氧化作用，防止磷因被还原生成负三价的磷化合物——磷化氢 PH_3 而挥发损失）处理，可溶性磷化合物必然溶解，难溶性磷化合物也溶解。如果磷肥中含硅量较高，则为了排除生成硅钼酸盐的干扰，应将溶液蒸发、干燥、脱水后，过滤分离硅酸。

① 试剂　2mol/L 盐酸；硝酸；过氯酸。

② 制备过程　精确称取样品 1～2g（含 P_2O_5 200～300mL）于烧杯中，加盐酸 30mL、硝酸 10mL。以表面皿做盖缓缓加热至棕红色气体停止发生，稍冷却后，加过氯酸 8mL，不盖表面皿，缓缓加热至产生浓厚白烟约 30min 后，稍冷却，加 2mol/L 盐酸约 40mL，微热，转移于 250mL 容量瓶中。冷却后，稀释至刻度，混合均匀。用干燥慢速滤纸过滤，最初 20mL 滤液弃去。滤液供测定全磷。

三、氮肥制样方法

（一）氮肥简介

含氮的肥料称为氮肥。人畜尿粪、油饼、腐草等是自然氮肥，但是因为还含有少量磷及钾所以实际上是复合肥料。化学氮肥主要是工业生产的铵盐，如硫酸铵、硝酸铵、氯化铵、碳酸氢铵等，硝酸盐，如硝酸钠、硝酸钙等。尿素是有机化学氮肥。此外，如氨水、硝酸铵钙、硝硫酸铵、氰氨基化钙（石灰氮）等，也是常用的化学氮肥。

（二）制样方法

氮在化合物中，通常以氨态、硝酸态及有机态三种形式存在。氨态氮较易溶于水，制样较简单。下面主要介绍硝酸态、有机态氮肥的制样方法。

1. 硝态氮氮肥的制样方法

称取 2～5g 试样，称准至 0.001g，移入 500mL 容量瓶中。

对可溶于水的产品，加入约 400mL 20℃ 的水于试样中，用烧瓶机械振荡器将烧瓶连续振荡 30min，用水稀释至刻度，混匀。

对含有可能保留有硝酸盐的水不溶的产品，加入 50mL 水和 50mL 乙酸溶液至试样中，混合容量瓶中的内容物，静置至停止释出二氧化碳为止，加入约 300mL 20℃ 的水，用烧瓶机械振荡器将烧瓶连续振荡 30min，用水稀释至刻度，混匀即可。

2. 有机氮氮肥的制样方法

称量约 5g 试样，精确到 ±0.001g，移入 500mL 锥形瓶中。在盛有试样的锥形瓶中，加入 25mL 水、50mL 硫酸、0.5g 硫酸铜，插上梨形玻璃漏斗，在通风橱内缓缓加热，使二氧化碳逸尽，然后逐步提高加热温度，直至冒白烟，再继续加热 20min，取下，冷却，小心加入 300mL 水，冷却。

把锥形瓶中的溶液，定量地移入 500mL 容量瓶中，稀释至刻度，摇匀即可。

四、钾肥制样方法

(一) 钾肥简介

钾肥分为自然钾肥和化学钾肥两大类。

自然矿物，如光卤石（$KCl \cdot MgCl \cdot 6H_2O$）、钾石盐（$KCl \cdot NaCl$）、钾镁矾石（$K_2SO_4 \cdot MgSO_4$）等作为自然钾肥，可以直接施用，也可以加工为较纯净的氯化钾或硫酸钾。明矾石、钾长石是制造钾肥的主要原料。此外，许多农家肥（例如草木灰、豆饼、绿肥等）中都含有一定量的钾盐。水泥窑灰也是含钾较高的肥料。

化学钾肥主要有氯化钾、硫酸钾、硫酸钾镁、磷酸氢钾和硝酸钾等。

(二) 制样方法

钾肥中一般含水溶性钾盐，有少数钾肥中含有弱酸性的钾盐，如窑灰钾肥中的硅铝酸钾（$K_2SiO_3 \cdot K_3AlO_3$）及少量难溶性钾盐［如钾长石（$K_2O \cdot Al_2O_3 \cdot 6SiO_2$）］。钾肥中水溶性钾盐和弱酸溶性钾盐所含钾量之和，称为有效钾。有效钾与难溶性钾盐所含钾量之和，称为总钾。钾肥的含钾量以 K_2O 表示。

农业用氯化钾一般含 K_2O 约 60%，硫酸钾含 K_2O 约 50%。对于草木灰，则视不同草木，含 K_2O 量有较大差异，一般在 2%～10% 间。其他农家肥中含 K_2O 一般不超过 2%。

对于无机钾肥，测定有效钾时，通常用热水溶解制备成试样溶液，如试样含有弱酸溶性钾盐，则用加少量盐酸的热水溶解有效钾。一般制样方法为：称取适量试样，置于 400mL 烧杯中，加入 150mL 水及 10mL 盐酸，煮沸 15min。冷却，移入 500mL 容量瓶中，用水稀释至刻度，混匀后干过滤（若测定复合肥中水溶性钾，操作时不加盐酸，加热煮沸时间改为 30min）。测定总钾含量时，一般用强酸溶解或碱熔法制备试样溶液。

对于有机钾肥，测定全钾时制备试样溶液的方法为：称取适量试样，置于凯氏瓶底部，用少量水冲洗黏附在瓶壁上的样品，加 5mL 硫酸、1.5mL 过氧化氢，小心摇匀，瓶口放一弯颈小漏斗，放置过夜。然后在可调压电炉上缓慢升温至硫酸冒烟，取下，稍冷后加 15 滴过氧化氢，轻轻摇动凯氏烧瓶，加热 10min，取下，稍冷后分次再加 5～10 滴过氧化氢并分次消煮，直至溶液呈无色或淡黄色清液后，继续加热 10min，除尽剩余的过氧化氢。取下稍冷，小心加水至 20～30mL，加热至沸，取下冷却，用少量水冲洗弯颈小漏斗，洗液收入原凯氏烧瓶中。将消煮液移入 100mL 容量瓶中，加水定容，静置澄清或用滤纸干过滤到具塞锥形瓶中备用。同时要制备空白溶液：除不加试样外，应用的试剂和操作步骤与制备试样溶液一样。

任务 2　磷肥中有效磷的测定和游离酸的测定

以过磷酸钙为例介绍磷肥中有效磷的测定和游离酸的测定方法。

过磷酸钙中的有效磷，主要是水溶性的磷酸钙及游离磷酸，但是常含有少量可溶于彼得曼试剂的磷酸二钙，也属于有效磷。因此，应该先用水萃取水溶性磷化合物，再用彼得曼试剂萃取磷酸二钙，然后合并两种萃取液再测定。

一、磷肥中有效磷的测定——磷钼酸喹啉重量法和容量法

（一）方法原理

用水、碱性柠檬酸铵溶液提取磷肥中的有效磷，提取液中正磷酸根在酸性介质中与喹钼柠酮试剂生成黄色磷钼酸喹啉沉淀，过滤、洗涤、干燥和称量所得沉淀，根据沉淀质量换算出五氧化二磷的含量。

正磷酸根在酸性溶液中和钼酸根生成磷钼杂多酸。反应为：

$$H_3PO_4 + 12MoO_4^{2-} + 24H^+ \longrightarrow H_3(PO_4 \cdot 12MoO_3) \cdot H_2O + 11H_2O$$

磷钼杂多酸是一种分子较庞大的典型杂多酸，能够和分子较大的有机碱生成溶解度很小的难溶性盐。因此，在定量分析中，常使磷酸盐在硝酸的酸性溶液中与钼酸盐、喹啉作用生成黄色磷钼酸喹啉沉淀来进行磷的测定，反应按下式进行：

$$H_3PO_4 + 12MoO_4^{2-} + 3C_9H_7N + 24H^+ \longrightarrow (C_9H_7N)_3H_3(PO_4 \cdot 12MoO_3) \cdot H_2O \downarrow + 11H_2O$$

磷钼杂多酸只有在酸性环境中才稳定，在碱性溶液中重新分解为原来的简单的酸根离子。酸度、温度、配位酸酐的浓度不同，都严重影响杂多酸的组成。因此，沉淀条件必须严格控制。

由反应可以看出，理论上，酸度大一些对沉淀反应更为有利。但是事物不是绝对的。实践中发现，如果酸度低，反应不完全，测定结果偏低；但是如果酸度过高，沉淀的物理性能又较差，而且难溶解于碱性溶液中。

如果溶液中同时有 NH_4^+ 存在，则可能生成部分和磷钼酸喹啉的性质十分相近的磷钼酸铵沉淀。由于磷钼酸铵的分子量较小，和碱反应时，需要碱的量也较少。因此，无论用质量分析法还是容量分析法进行测定，都必然造成结果偏低。在实际中，用柠檬酸铵萃取的测定有效磷的溶液中，含有大量 NH_4^+。为了排除 NH_4^+ 的干扰，可在碱性条件下 NH^+ 形成 $NH_3 \cdot H_2O$ 并加入丙酮。

丙酮和 $NH_3 \cdot H_2O$ 作用为：

$$\underset{\substack{\parallel \\ O}}{CH_3-C-CH_3} + NH_3 \cdot H_2O \longrightarrow \underset{\substack{\parallel \\ NH}}{CH_3CCH_3} + 2H_2O$$

不再干扰测定。同时，沉淀时有丙酮存在，还可以改善沉淀的物理性能，使生成的沉淀颗粒粗大、疏松、便于过滤洗涤。

柠檬酸和钼酸生成电离度较小的络合物，电离生成的钼酸根浓度很小，仅能满足生成磷钼酸喹啉沉淀的条件而不能达到硅钼酸喹啉的溶度积，所以硅钼酸喹啉不致沉淀，从而排除了硅的干扰。正因为这种原因，如果柠檬酸用量过多，则钼酸根浓度又过低，磷钼酸喹啉也不能沉淀完全，将导致结果偏低。但是如果柠檬酸过少，又会出现沉淀的物理性能不佳、易结块、不利于过滤及洗涤的现象。在柠檬酸溶液中，磷酸酸铵的溶解度比磷钼酸喹啉的溶解度大，所以，有柠檬酸存在时，还可以进一步排除 NH_4^+ 的干扰。此外，柠檬酸还可以阻止钼酸盐水解，避免了因为钼酸盐水解析出三氧化钼，导致结果偏高的误差。

实验表明，沉淀磷钼酸喹啉的最佳条件是：硝酸的酸度为 $0.6mol/L$；丙酮 10%；柠檬

酸 2%；钼酸钠 2.3%；喹啉 0.17%。因为理论上，每 10mL 沉淀剂可以沉淀约 8mgP$_2$O$_5$。实际上，根据质量分析对沉淀质量的要求及容量分析对消耗滴定剂体积的要求，进行磷钼酸喹啉沉淀时，如溶液中含 P$_2$O$_5$ 应为 20～30mg，溶液的总体积约 150mL，则沉淀剂过量 50%。即通常加入 50～60mL 沉淀剂，便符合最佳条件。

以水洗涤沉淀时，可能出现洗涤液浑浊的现象，是由于酸度降低钼酸盐水解析出三氧化钼所致，不必计较。

用重量法进行测定时，是用 G$_4$ 玻璃过滤坩埚过滤，洗涤纯净后，干燥、称量。因为磷钼酸喹啉在不同温度下干燥组成不同，100～107℃只脱去游离水分，组成为 (C$_9$H$_7$N)$_3$H$_3$(PO$_4$·12MoO$_3$)·H$_2$O，能达到恒重，但是需要时间较长。107～155℃干燥失去结晶水，但又不完全，不易恒重。155～370℃，结晶水全部失去，组成为 (C$_9$H$_7$N)$_3$H$_3$(PO$_4$·12MoO$_3$)，能达到恒重。370～500℃沉淀分解失去有机部分，组成为 P$_2$O$_5$·24MoO$_3$，但是不易恒重。由此可见，其中以 (C$_9$H$_7$N)$_3$H$_3$(PO$_4$·12MoO$_3$) 状态组成最为稳定，易于干燥恒重。试验表明，于 250℃左右，干燥 20～30min 或 180～190℃干燥 40～60min，即可以达到恒重。实际上，大都是在 180℃干燥 45min。

由于磷钼酸喹啉难溶于水，所以使用过的玻璃过滤坩埚应该用碱（例如 1:1 氨水）洗涤。

磷钼酸喹啉的相对分子质量为 2212.8，P$_2$O$_5$ 相对分子质量为 141.95，由磷钼酸喹啉换算为 P$_2$O$_5$ 的因数为：

$$\frac{M(\text{P}_2\text{O}_5)}{2M[(\text{C}_9\text{H}_7\text{N})_3\text{H}_3(\text{PO}_4·12\text{MoO}_3)]}=\frac{141.95}{2\times2212.89}=0.03207$$

换算因数较小，也表明测定的准确度较高。

用容量法进行测定，是根据磷钼酸喹啉和碱之间如下反应方程式进行：

$$(\text{C}_9\text{H}_7\text{N})_3\text{H}_3(\text{PO}_4·12\text{MoO}_3)·\text{H}_2\text{O}+26\text{OH}^-\longrightarrow\text{HPO}_4^{2-}+12\text{MoO}_4^{2-}+3\text{C}_9\text{H}_7\text{N}+15\text{H}_2\text{O}$$

用一定量过量的氢氧化钠标准溶液溶解磷钼酸喹啉沉淀，然后以百里香酚蓝-酚酞作指示剂，用盐酸标准溶液滴定剩余的氢氧化钠，根据氢氧化钠的消耗量计算 P$_2$O$_5$ 的含量。

（二）试剂

① 1+1 硝酸。

② 喹钼柠酮试剂

溶液Ⅰ：60g 柠檬酸一水合物溶解于 85mL 硝酸和 150mL 水的混合溶液中。

溶液Ⅱ：70g 钼酸钠二水合物溶解于 150mL 水中。

溶液Ⅲ：在不断搅拌下，缓慢地将溶液Ⅰ加到溶液Ⅱ中。

溶液Ⅳ：喹啉 5mL 溶解于 35mL 硝酸和 100mL 水的混合溶液中。

溶液Ⅴ：缓缓将溶液Ⅳ加到溶液Ⅲ中，混匀后静置 24h，如果浑浊，过滤，滤液加丙酮 280mL，用水稀释为 1L，贮于聚乙烯瓶中，放于避光、避热处。

③ 0.5mol/L 氢氧化钠标准溶液。

④ 0.25mol/L 盐酸标准溶液。

⑤ 百里香酚蓝-酚酞混合指示剂溶液。

3 体积份 0.1%百里香酚蓝的 50%乙醇溶液和 2 体积份 0.1%酚酞的 60%乙醇溶液混合。

(三) 测定过程

1. 重量法

用单标线吸管分别吸取水溶性磷提取液和有效磷提取液 10~20mL（含 P_2O_5 20~30mL）于 400mL 烧杯中，加（1+1）硝酸 10mL，稀释至约 100mL。盖上表面皿，加热至微微沸腾。保持微沸，在不断搅拌下，缓缓加入喹钼柠酮试剂 35mL，继续微沸 1min 或置于 80℃左右的水浴中保温至沉淀分层，冷却（冷却过程中应不时搅拌，以促使沉淀沉降）。以倾泻法用预先在 180℃烘干至恒重的 G_4 玻璃过滤坩埚过滤，用水（每次 25mL）洗涤 2 次后，转移沉淀于坩埚内，继续洗涤 5~6 次，于 180℃干燥约 45min，移入干燥器中冷却至室温，称重，直至恒重。

必要时应做空白试验，除不加试样外按照上述相同的测定步骤，使用相同试剂、溶液以相同的用量进行。

按下式计算有效磷含量：

$$w(P_2O_5) = \frac{(m_1 - m_2) \times 0.03207}{m \times \dfrac{V}{500}} \times 100\%$$

式中　$w(P_2O_5)$——以 P_2O_5 的质量分数表示的磷肥中有效磷的含量，%；

　　　　m_1——磷钼酸喹啉沉淀的质量，g；

　　　　m_2——空白试验磷钼酸喹啉沉淀的质量，g；

　　　　m——试样的质量，g；

　　0.03207——磷钼酸喹啉换算为 P_2O_5 的因数；

　　　　V——吸取试液（水溶性磷提取液和有效磷提取液）的总体积，mL。

2. 容量法

用单标线吸管分别吸取水溶性磷提取液和有效磷提取液 10~20mL（含 P_2O_5 20~30mg）于 400mL 烧杯中，加（1+1）硝酸 10mL，稀释至约 100mL。盖上表面皿，加热至微微沸腾。保持微沸，在不断搅拌下，缓缓加入喹钼柠酮试剂 35mL，继续微沸 1min 或置于 80℃左右的水浴中保温至沉淀分层，冷却（冷却过程中应不时搅拌，以促使沉淀沉降）。

用滤器过滤（滤器内可衬滤纸、脱脂棉），先将上层清液滤完，然后以倾泻法洗涤沉淀 3~4 次，每次用水约 25mL。将沉淀移入滤器中，再用水洗净沉淀直至取滤液约 20mL，加 1 滴混合指示剂和 2~3 滴氢氧化钠溶液至滤液呈紫色为止。将沉淀及滤纸或脱脂棉移入原进行沉淀的烧杯中，加入氢氧化钠标准滴定溶液，充分搅拌以溶解沉淀，然后再过量 8~10mL，加入 100mL 无二氧化碳的水，搅匀溶液，加入 1mL 混合指示剂，用盐酸标准溶液滴定至溶液从紫色经过灰蓝色突变为黄色。

按下式计算磷肥中有效磷的含量：

$$w(P_2O_5) = \frac{[c_1(V_1 - V_3) - c_2(V_2 - V_4)] \times 0.002730}{m \times \dfrac{V}{500}} \times 100\%$$

式中　$w(P_2O_5)$——以 P_2O_5 的质量分数表示的磷肥中有效磷的含量，%；

　　　　c_1——氢氧化钠标准滴定溶液的浓度，mol/L；

　　　　c_2——盐酸标准滴定溶液的浓度，mol/L；

　　　　V_1——加入氢氧化钠标准溶液的体积，mL；

V_2——滴定消耗盐酸标准溶液的体积，mL；

V_3——空白实验消耗氢氧化钠标准溶液的体积，mL；

V_4——空白实验消耗盐酸标准溶液的体积，mL；

V——吸取试液（水溶性磷提取液和有效磷提取液）的总体积，mL；

0.002730——与 1.00mL 氢氧化钠标准滴定溶液 $[c(NaOH)=1.000mol/L]$ 相当的以 g 表示的五氧化二磷的质量；

m——试样质量，g。

二、磷肥中游离酸的测定——容量法

（一）方法原理

过磷酸钙中的游离酸，主要是磷酸及少量硫酸。含游离酸较多的过磷酸钙易吸湿、结块并有腐蚀性，尤其是能酸化土壤，不利于植物生长。因此必须严格控制游离酸的含量。在生产中，如果游离酸含量过高，应该加入适当量磷矿石粉或碳酸钙中和。生产控制分析的目的即在于计算中和配料量和检验产品是否符合国家标准的要求。通常是用水萃取游离酸后，用中和法测定。

根据磷酸和磷酸盐的性质，当用氢氧化钠中和磷酸至生成 NaH_2PO_4 时，由于 NaH_2PO_4 水解，溶液的 pH 应为 4.5，理论上甲基橙、甲基红等酸碱指示剂应该由红色变为黄色，由于 NaH_2PO_4 溶液的缓冲性，颜色的变化不甚明晰。在实际中，又因为过磷酸钙的水萃取液中，不可避免地常含有铁、铝盐等杂质，这些杂质在 pH 为 4.5 时水解使溶液浑浊，致使滴定终点时，溶液颜色的变化更加不易辨认，因此，改用溴甲酚绿（由黄变蓝，变色范围 pH 为 4.0～5.6）为指示剂。但是无论如何，由于上述原因，终点颜色变化还是不够敏锐。所以，最好是用电位法确定终点。在实践中，如果采用磷酸氢二钠-柠檬酸缓冲溶液标准色对照，对于比较熟练的分析人员，仍可以基本上正确掌握。在滴定中，如果发现产生大量沉淀，妨碍终点观察时，也可以适当减少样品溶液的取用量，加水稀释，以减弱干扰。

为了排除铁、铝盐水解的干扰，也可以用有机萃取剂（例如丙酮、乙醚）萃取游离酸（这样，铁、铝等的无机盐溶解较少），然后于水浴上，在 70～80℃蒸发除去有机溶剂，再用水溶解，测定游离酸。

在生产控制分析中，如果要求分别测定磷酸及硫酸，则可以根据双指示剂滴定法理论，先以甲基红为指示剂滴定，中和全部硫酸，而磷酸则只中和为 NaH_2PO_4，然后，再以酚酞为指示剂滴定至终点时，NaH_2PO_4 转变为 Na_2HPO_4。由两次滴定消耗的碱量，可以分别计算硫酸及磷酸的含量。

（二）试剂

1. 0.1mol/L 氢氧化钠标准溶液。

2. 0.2% 溴甲酚绿指示剂溶液。

3. 0.2mol/L 磷酸氢二钠溶液：精确称取磷酸氢二钠 7.16g 于 100mL 容量瓶中，溶解后稀释至刻度。

4. 0.1mol/L 柠檬酸溶液：精确称取柠檬酸 2.10g 于 100mL 容量瓶中，溶解后稀释至刻度。

5. 磷酸氢二钠-柠檬酸缓冲标准色溶液：精确移取 0.2mol/L 磷酸氢二钠溶液 7.7mL，

0.1mol/L 柠檬酸溶液 12.3mL 于 250mL 玻璃塞锥形瓶中，稀释至 150mL，加 0.2%溴甲酚绿指示剂溶液 0.5mL，加热至 60～70℃，加防腐剂百里香酚约 0.01g。冷却后，紧塞瓶塞，贮于阴暗处。

测定过程：

精确称取样品约 10g（准确至 0.01g）于 500mL 容量瓶中，加水约 400mL，紧塞瓶塞，激烈振荡 5min 后，稀释至刻度，混合均匀。用干燥慢速滤纸过滤，最初 20mL 滤液弃去。精确移取续滤液 10.00mL（或 25.00mL 或 50.00mL）于 250mL 锥形瓶中，稀释至约 150mL，加 0.2%溴甲酚绿指示剂溶液 0.5mL，用 0.1mol/L 氢氧化钠标准溶液滴定至与磷酸氢二钠-柠檬酸缓冲标准色溶液的蓝绿色一致。按下式计算游离酸的含量。

$$游离酸（以\ P_2O_5\ 计）\% = \frac{cV \times 0.0710}{m \times \dfrac{V_1}{250}} \times 100\%$$

式中 V——滴定消耗氢氧化钠标准溶液的体积，mL；

c——氢氧化钠标准溶液的浓度，mol/L；

m——试样质量，g；

V_1——移取样品溶液的体积，mL；

0.0710——与 1.00mL 氢氧化钠标准滴定溶液 $[c(NaOH) = 1.000mol/L]$ 相当的以 g 表示的五氧化二磷的质量。

任务 3 氮肥中氨态氮、硝态氮、有机氮的测定

氮肥中氮通常以氨态、硝酸态和有机态三种形式存在。由于三种状态的性质不同，所以分析方法也不同。

一、氨态氮的测定

（一）方法综述

氨态氮（NH_4^+ 或 NH_3）的测定有 3 种方法。

1. 甲醛法

在中性溶液中，铵盐与甲醛作用生成六亚甲基四胺和相当于铵盐含量的酸，在指示剂存在下，用氢氧化钠标准溶液滴定生成的酸，通过氢氧化钠标准滴定溶液的消耗量，求出氨态氮的含量，反应如下：

$$4NH_4^+ + 6HCHO \longrightarrow (CH_2)_6N_4 + 4H^+ + 6H_2O$$
$$H^+ + OH^- \longrightarrow H_2O$$

此方法适用于强酸性的铵盐肥料，如硫酸铵、氯化铵中氮含量的测定。

2. 蒸馏后滴定法

从碱性溶液中蒸馏出的氨，用过量硫酸标准溶液吸收，以甲基红或甲基红-亚甲基蓝乙醇溶液为指示剂，用氢氧化钠标准溶液返滴定，由硫酸标准溶液的消耗量，求出氨态氮的含量，反应为：

$$NH_4^+ + OH^- \longrightarrow NH_3 \uparrow + H_2O$$
$$2NH_3 + H_2SO_4 \longrightarrow (NH_4)_2SO_4$$
$$2NaOH + H_2SO_4 \longrightarrow Na_2SO_4 + 2H_2O$$

此方法适用于含铵盐的肥料和不含有受热易分解的尿素或石灰氮之类的肥料。

3. 酸量法

试液与过量的硫酸标准溶液作用，在指示剂存在下，用氢氧化钠标准滴定溶液返滴定，由硫酸标准滴定溶液的消耗量，求出氨态氮的含量。反应如下：

$$2NH_4HCO_3 + H_2SO_4 \longrightarrow (NH_4)_2SO_4 + 2CO_2\uparrow + 2H_2O$$

$$2NaOH + H_2SO_4（剩余）\longrightarrow Na_2SO_4 + 2H_2O$$

此方法适用于碳酸氢铵、氨水中氮的测定。

（二）农业用碳酸氢铵中氨态氮的测定——酸量法

碳酸氢铵是重要的化学氮肥之一，外观为白色或淡灰色细粒结晶，性质很不稳定，常温下在潮湿空气中即缓慢分解为氨及二氧化碳，有强烈氨味。温度增高，则分解更为迅速。分解反应为：

$$NH_4HCO_3 \longrightarrow NH_3 + CO_2 + H_2O$$

碳酸氢铵是弱酸弱碱盐，但是如果严格比较氢氧化铵（$K = 1.79 \times 10^{-5}$）和碳酸（$K_1 = 4.31 \times 10^{-7}$，$K_2 = 5.61 \times 10^{-11}$）的强度，则可见碳酸氢铵实际上是弱酸强碱盐。因此，碳酸氢铵的水溶液呈碱性反应，pH约为8.0，因此测定碳酸氢铵中氮的含量，可以采用酸碱滴定法。如和硫酸作用时，生成二氧化碳、水及强酸弱碱盐——氯化铵。反应为：

$$2NH_4HCO_3 + H_2SO_4 \longrightarrow (NH_4)_2SO_4 + 2CO_2\uparrow + 2H_2O$$

由酸标准溶液的消耗量计算碳酸氢铵（国家标准规定计算为氮）的含量。

1. 试剂

硫酸标准滴定溶液：$c\left(\dfrac{1}{2}H_2SO_4\right) = 1mol/L$；

氢氧化钠标准滴定溶液：$c(NaOH) = 1mol/L$；

甲基红-亚甲基蓝混合指示剂。

2. 测定过程

在已知质量的干燥的带盖称量瓶中，迅速称取约2g试样，精确至±0.001g，然后立即用水将试样洗入已盛有40.00～50.00mL硫酸标准溶液的250mL锥形瓶中，摇匀使试样完全溶解，加热煮沸3～5min，以驱除二氧化碳。冷却后，加2～3滴混合指示剂，用氢氧化钠标准滴定溶液滴定至呈灰绿色即为终点。

按上述手续进行空白试验，除不加试样外，需与试样测定采用完全相同的分析步骤、试剂和用量（氢氧化钠标准滴定溶液的用量除外）进行。

3. 结果计算

氨态氮含量 $w(N)$ 以质量分数表示，按下式计算：

$$w(N) = \frac{(V_1 - V_2)c \times 0.01401}{m} \times 100\%$$

式中　V_1——测定试样时消耗氢氧化钠标准溶液的体积，mL；

　　　V_2——空白实验时消耗氢氧化钠标准溶液的体积，mL；

　　　c——氢氧化钠标准滴定溶液的浓度，mol/L；

　　　m——试样的质量，g；

　0.01401——与1.00mL氢氧化钠标准溶液 $[c(NaOH) = 1.000mol/L]$ 相当的以g表示的氮的质量。

二、硝态氮的测定

（一）方法综述

硝态氮（NO_3^-）的测定方法有 3 种。

1. 铁粉还原法

在酸性溶液中铁粉置换出的新生态氢使硝态氮还原为氨态氮，然后加入适量的水和过量的氢氧化钠，用蒸馏法测定。同时对试剂（特别是铁粉）做空白实验。反应如下：

$$Fe + H_2SO_4 \longrightarrow FeSO_4 + 2[H]$$

$$NO_3^- + 8[H] + 2H^+ \longrightarrow NH_4^+ + 3H_2O$$

此方法适用于含硝酸盐的肥料，但是对含有受热分解出游离氨的尿素、石灰氮或有机物之类肥料不适用。当铵盐、亚硝酸盐存在时，必须扣除它们的含量（铵盐可按氨态氮测定方法求出含量，亚硝酸盐可用磺胺-萘乙二胺分光光度法测定其含量）。

2. 德瓦达合金还原法

在碱性溶液中德瓦达合金（铜＋锌＋铝＝50＋5＋45）释放出新生态的氢，使硝态氮还原为氨态氮。然后用蒸馏法测定，求出硝态氮的含量。反应如下：

$$Cu + 2NaOH + 2H_2O \longrightarrow Na_2[Cu(OH)_4] + 2[H]$$

$$Al + NaOH + 3H_2O \longrightarrow Na[Al(OH)_4] + 3[H]$$

$$Zn + 2NaOH + 2H_2O \longrightarrow Na_2[Zn(OH)_4] + 2[H]$$

$$NO_3^- + 8[H] \longrightarrow NH_3 + OH^- + 2H_2O$$

此方法适用于含硝酸盐的肥料，但对含有受热分解出游离氨的尿素、石灰氮或有机物之类的肥料不适用。肥料中有铵盐、亚硝酸盐时，必须扣除它们的含量。

3. 氮试剂重量法

在酸性溶液中，硝态氮与氮试剂作用，生成复合物而沉淀，将沉淀过滤、干燥和称量，根据沉淀的质量，求出硝态氮的含量。

（二）肥料中硝态氮含量的测定——氮试剂重量法

1. 试剂

① 冰醋酸溶液：28.5%（体积分数）。用水稀释 285mL 冰醋酸至 1000mL。

② 硫酸溶液：1＋3。

③ 氮试剂（硝酸灵）：100g/L。溶解 10g 氮试剂于 95mL 水和 5mL 冰醋酸的混合液中，干滤，置于棕色试剂瓶中。

必须用新配制的试剂，以免空白试验结果偏高。

2. 仪器

① 单刻度容量瓶：容量为 500mL。

② 单刻度移液管：容量范围为 5～50mL。

③ 玻璃过滤坩埚：孔径 4～16mm（或 4 号玻璃过滤坩埚）。

④ 干燥箱：能保持（110±2）℃的温度。

⑤ 烧瓶机械振荡器：能旋转或往复运动。

⑥ 冰浴：能保持 0～0.5℃的温度。

3. 测定过程

根据前面所说制样方法制样，用中速滤纸干滤试液于清洁、干燥的锥形瓶中，弃去初滤出的 50mL 滤液，用移液管吸取 VmL 滤液（含 11～23mg，最好是 17mg 的硝态氮），移入 250mL 烧杯中，用水稀释至 100mL。

加入 10～12 滴硫酸溶液，使溶液 pH 为 1～1.5，迅速加热至沸点，但不允许溶液沸腾，立即从热源移开，检查有无硫酸钙沉淀，若有，可加几滴硫酸溶液溶解。一次加入 10～12mL 氮试剂溶液，置烧杯于冰浴中，搅拌内容物 2min，在冰浴中放置 2h，经常添加足够的冰块至冰浴中，以保证内容物的温度保持在 0～0.5℃。

应用抽滤法定量地收集沉淀于已恒重（称准至 0.001g）的玻璃过滤坩埚中，坩埚应预先在冰浴中冷却，用滤液将残留的微量沉淀从烧杯转移至坩埚中，最后用 0～0.5℃的 10～12mL 的水洗涤沉淀，将坩埚连同沉淀置于（110±2）℃的干燥箱中，干燥 1h。移入干燥器中冷却，称量，重复干燥、冷却、称量，直至连续 2 次称量差别不大于 0.001g 为止。

空白试验：取 100mL 水，如用乙酸溶液溶解试样时，则应取与测定时吸取试样中所含相同量的乙酸溶液，用水稀释至 100mL，按照上述手续进行，所得沉淀的质量不应超过 1mg，假如超过，需用新试剂，重复空白试验，放置很久的试剂会使空白试验结果偏高。

4. 结果计算

硝态氮含量以氮的质量分数 $w(\text{N})$ 表示，按下式计算：

$$w(\text{N}) = \frac{m_1 \times \dfrac{14.01}{375.3}}{m_0 \times \dfrac{V}{500}} \times 100\%$$

式中　V——测定时吸取试液的体积，mL；

　　m_0——试样的质量，g；

　　m_1——沉淀的质量，g；

　14.01——氮的摩尔质量，g/mol；

　375.3——氮试剂硝酸盐复合物的摩尔质量，g/mol。

5. 方法讨论

① 该法适于作为参照方法，并能用于所有的肥料。

② 氮试剂需要用新配制的试剂，以免空白试验结果偏高。

③ 加热溶液时不允许溶液沸腾。因为如果温度过高，尿素和脲醛的缩聚物在沸酸中会分解。

④ 在冰浴中放置 2h，并保证内容物的温度保持在 0～0.5℃。温度低于 0℃，将导致偏高的结果，而温度高于 0.5℃，则导致偏低的结果。

三、有机氮的测定

（一）方法综述

有机态氮以—$CONH_2$、=CN_2 等形式存在，由于含氮官能团不同，有不同的测定方法。

1. 尿素酶法

在一定酸度溶液中，用尿素酶将尿素态氮转化为氨，再用硫酸标准滴定溶液滴定，反应如下：

$$CO(NH_2)_2 + 2H_2O \longrightarrow (NH_4)_2CO_3$$

$$(NH_4)_2CO_3 + H_2SO_4 \longrightarrow (NH_4)_2SO_4 + CO_2 + H_2O$$

酰胺态氮的测定常用此法，此方法适用于尿素和含有尿素的复合肥料。

2. 硝酸银法

在碱性试液中加入过量的硝酸银标准滴定溶液，使氰化银完全沉淀，过滤分离后，取一定体积的滤液，在酸性条件下，以硫酸高铁铵作指示剂，用硫氰酸钾标准滴定溶液滴定剩余的硝酸银。根据硝酸银标准滴定溶液的消耗量，求出氮的含量。反应如下：

$$Ca(CN)_2 + 2AgNO_3 \longrightarrow Ag_2(CN)_2 \downarrow + Ca(NO_3)_2$$

$$AgNO_3 + KSCN \longrightarrow AgSCN \downarrow + KNO_3$$

$$Fe^{3+} + SCN^- \longrightarrow [FeSCN]^{2+}$$

试样溶液中含有能生成碳化物、硫化物等银盐沉淀的物质，不能使用此方法。

3. 蒸馏后滴定法

在硫酸铜存在下，在浓硫酸中加热使试样中酰胺态氮转化为氨态氮，蒸馏并吸收在过量的硫酸标准滴定溶液中，在指示剂存在下，用氢氧化钠标准滴定溶液滴定。反应如下：

$$CO(NH_2)_2 + H_2SO_4(浓) + H_2O \longrightarrow (NH_4)_2SO_4 + CO_2$$

$$(NH_4)_2SO_4 + 2NaOH \longrightarrow Na_2SO_4 + 2NH_3 \uparrow + 2H_2O$$

$$2NH_3 + H_2SO_4 \longrightarrow (NH_4)_2SO_4$$

$$2NaOH + H_2SO_4(剩余) \longrightarrow Na_2SO_4 + 2H_2O$$

该法适用于不含有硝态氮的有机氮肥中总氮含量的测定。主要用于由氨和二氧化碳合成制得的工农业尿素总氮含量的测定。

4. 硫代硫酸钠还原-蒸馏后滴定法

该法先将硝态氮以水杨酸固定，再用硫代硫酸钠还原成氨基物。然后，在硝酸铜等催化剂存在下，用浓硫酸进行消化，使有机物分解，其中氮转化为硫酸铵。消化得到含有硫酸铵的浓硫酸溶液，稀释后加过量碱蒸馏释放出氨，用硼酸溶液吸收，以硫酸标准滴定溶液滴定，或用过量硫酸标准滴定溶液吸收，以氢氧化钠标准滴定溶液回滴。

该法适用于含硝态氮的有机氮肥中总氮含量的测定。

（二）尿素中总氮含量的测定-蒸馏后滴定

尿素是中性化学氮肥，外观为白色或微红色圆珠状颗粒，易溶解于水，水溶液呈中性反应。

尿素是碳酸的酰二胺。由于氮原子为酰胺状态，所以不能被植物直接吸收，而必须经过土壤中微生物加工分解、转化为氨态或硝态后，才能被吸收产生肥效。

1. 试剂

① 硫酸。

② 硫酸铜（$CuSO_4 \cdot 5H_2O$）。

③ 氢氧化钠溶液：450g/L，称量45g氢氧化钠溶于水中，稀释至200mL。

④ 甲基红。

⑤ 亚甲基蓝。

⑥ 95％乙醇。

⑦ 混合指示剂：甲基红-亚甲基蓝乙醇溶液。在约 50mL 95％乙醇中，加入 0.10g 甲基红、0.05g 亚甲基蓝，溶解后，用相同规格的乙醇稀释到 100mL，混匀。

⑧ 硅油。

⑨ 硫酸标准滴定溶液：$c\left(\dfrac{1}{2}H_2SO_4\right)=0.5mol/L$。

⑩ 氢氧化钠标准滴定溶液：$c(NaOH)=0.5mol/L$。

2. 仪器：

一般实验室用仪器。

① 蒸馏仪器：包括圆底烧瓶，单球防溅球管和顶端开口、容积约为 50mL、与防溅球进出口平行的圆筒形滴液漏斗，有效长度约为 400mm 的直形冷凝管，容积为 500mL 的锥形瓶、瓶侧连接双连球当接收器。

② 梨形玻璃漏斗。

3. 测定过程

① 蒸馏　根据前面所述制样方法，从容量瓶中移取 50.00mL 溶液于蒸馏瓶中，加入约 300mL 水、几滴混合指示剂和少许防爆沸石或多孔瓷片。

用滴定管或移液管移取 40.00mL 硫酸标准滴定溶液于接收器中，加水，使溶液能淹没接收器的双连球瓶颈，加 4～5 滴混合指示剂。

用硅油涂抹仪器接口，装好蒸馏仪器，并保证仪器所有连接部分密封。

通过滴液漏斗往蒸馏烧瓶中加入足够量的氢氧化钠溶液，以中和溶液并过量 25mL。应当注意，滴液漏斗中至少存留几毫升溶液。

加热蒸馏，直到接收器中的收集量达到 250～300mL 时停止加热，拆下防溅球管，用水洗涤冷凝管，洗涤液收集在接收器中。

② 滴定　将接收器中的溶液混匀，用氢氧化钠标准滴定溶液返滴定过量的酸，直至指示液呈灰绿色，滴定时要仔细搅拌，以保证溶液混匀。

③ 空白试验　按上述操作步骤进行空白试验，除不加样品外，操作手续和应用的试剂与测定时相同。

4. 结果计算

试样中总氮以氮含量计，用质量分数表示，按下式计算：

$$w(N)=\frac{(V_2-V_1)c\times0.01401}{\dfrac{50}{500}\times m\times\dfrac{100-x_{H_2O}}{100}}\times100\%$$

式中　V_1——测定试样时消耗氢氧化钠标准溶液的体积，mL；

　　　V_2——空白实验时消耗氢氧化钠标准溶液的体积，mL；

　　　c——氢氧化钠标准滴定溶液的浓度，mol/L；

　　　m——试样的质量，g；

0.01401——与 1.00mL 氢氧化钠标准溶液 $[c(NaOH)=1.000mol/L]$ 相当的以 g 表示的氮的质量；

　　x_{H_2O}——试样中水分的含量，％。

所得结果应表示至小数点后第二位。

任务 4　钾肥中钾含量的测定

钾肥中钾含量的测定方法，在历史上有氯铂酸钾法、过氯酸钾法、钴亚硝酸钠钾法等重量分析法。其中有的由于钾盐溶解度较大，必须使用有机试剂；有的因干扰元素较多，必须经过繁琐的分离手续；还有的应用的试剂昂贵或反应条件性很强较难掌握。如果物料组成复杂或含量较低，则测定效果不佳。近年来先后提出的酒石酸苯胺（或吡啶）容量分析法也不适用于组成复杂的物料。火焰光度法，准确度较高，过程较为简单快速，主要用于微量钾的测定，对于含钾量高的物料，则不适用。

有机试剂——四苯硼钠的合成，为改进钾的测定方法，提供了有利条件。

一、四苯硼钠重量法

（一）方法原理

试样用稀酸溶解，加入甲醛溶液，使存在的铵离子转变成六亚甲基四胺。加入乙二胺四乙酸二钠（EDTA）消除干扰分析结果的其他阳离子。在微碱性介质中，用四苯硼钠沉淀钾，干燥测定并称量。

该法适用于氯化钾、硫酸钾和复合肥等进出口化肥中钾含量的测定。

该法主要反应如下：

$$K^+ + NaB(C_6H_5)_4 \longrightarrow KB(C_6H_5)_4 + Na^+$$

（二）试剂

1. 盐酸：密度为 $1.19g/cm^3$。
2. 乙二胺四乙酸二钠（EDTA）溶液：100g/L。溶解 10g EDTA 于 100mL 水中。
3. 氢氧化钠溶液：200g/L。称量 20g 不含钾的氢氧化钠，溶于 100mL 水中。
4. 氢氧化铝。
5. 酚酞指示液：5g/L。溶解 0.5g 酚酞于 100mL95％的乙醇中。
6. 甲醛溶液：密度约为 $1.1g/cm^3$。
7. 四苯硼钠溶液：25g/L。称取 6.25g 四苯硼钠于 400mL 烧杯中，加入约 200mL 水，使其溶解，加入 5g 氢氧化铝，搅拌 10min，用慢速滤纸过滤。如滤液呈浑浊，必须反复过滤至澄清，收集全部滤液于 250mL 容量瓶中，加入 1mL 氢氧化钠溶液，然后稀释至刻度，混匀备用。必要时，使用前重新过滤。
8. 四苯硼钠洗液：0.1％（体积分数）。取 40mL 四苯硼钠溶液，加水稀释至 1L。

（三）仪器

玻璃坩埚式过滤器（P_{16} 过滤器，滤板孔径 $7\sim16\mu m$）。

（四）测定步骤

对复合肥，称取约 5g 试样；对氯化钾、硫酸钾等，称取约 2g 试样，精确至 0.0002g，用前面所讲的制样方法制备成试样溶液。

准确吸取复合试样溶液 20mL 或氯化钾、硫酸钾试样溶液 10mL 于 100mL 烧杯中，加入 10mL EDTA 溶液、2 滴酚酞指示液，搅匀，逐滴加入氢氧化钠溶液直至溶液的颜色变红为止，再过量 1mL。加入 5mL 甲醛溶液，搅匀（此时溶液的体积约为 40mL 为宜）。

在剧烈搅拌下，逐滴加入比理论需要量（10mgK_2O 需 3mL 四苯硼钠溶液）多 4mL 的四苯硼钠溶液，静置 30min。

用预先在 120℃烘至恒重的 P_{16} 玻璃坩埚抽滤沉淀，将测定用四苯硼钠洗液全部移入坩埚内，再用该洗液洗涤 5 次，每次 5mL，最后用水洗涤两次，每次用 2mL。

将坩埚连同沉淀置于 120℃烘箱内，干燥 1h，取出，放入干燥器中冷却至室温，称重，直至恒重。

（五）结果计算

以质量分数表示的氧化钾的含量 $w(K_2O)$ 按下式计算：

$$w(K_2O)=\frac{(m_2-m_1)\times 0.1314}{m}\times 100\%$$

式中　m_1——空坩埚的质量，g；

m_2——坩埚和四苯硼钾沉淀的质量，g；

m——所取试液中试样的质量，g；

0.1314——四苯硼钾的质量换算为氧化钾质量的系数。

（六）方法讨论

1. 在微酸性溶液中，铵离子与四苯硼钠反应也能生成沉淀，故测定过程中应该注意避免铵盐及氨的影响。如试样中有铵离子，可以在沉淀前加碱，并加热驱除氨，然后重新调节酸度进行测定。

2. 由于四苯硼钾易形成过饱和溶液，在四苯硼钠沉淀剂加入时速度应慢，同时要剧烈搅拌以促使它凝聚析出。考虑到沉淀的溶解度（$K_{sp}=2.2\times 10^{-8}$），洗涤沉淀时，应采用预先配制的四苯硼钾饱和溶液。

3. 沉淀剂四苯硼钠的加入量对测定结果有影响，应予以控制。

4. 四苯硼钠可用离子交换法回收，具体方法是用丙酮溶解四苯硼钾，将此溶液通过盛有钠型强酸性阳离子交换树脂的离子交换柱，然后将含有四苯硼钠的丙酮流出液蒸馏，收集丙酮，剩余物烘干即为四苯硼钠固体，必要时于丙酮中重结晶一次。

二、四苯硼钠容量法

（一）方法原理

试样用稀酸溶解，加入甲醛溶液，使存在的铵离子转变成六亚甲基四胺。加入乙二胺四乙酸二钠（EDTA）消除干扰分析结果的其他阳离子。在微碱性介质中，以定量的四苯硼钠沉淀试样中的钾，滤液中过量的四苯硼钠以达旦黄作指示剂，用季铵盐回滴至溶液自黄色变成明显的粉红色，其化学反应为：

$$K^+ + B(C_6H_5)_4^- \longrightarrow KB(C_6H_5)_4 \downarrow$$

$$Br[N(CH_3)_3 \cdot C_{16}H_{33}] + NaB(C_6H_5)_4 \longrightarrow B(C_6H_5)_4 \cdot N(CH_3)_3 \cdot C_{16}H_{33} \downarrow + NaBr$$

（二）试剂

1. 盐酸：密度为 1.19g/cm^3。

2. 乙二胺四乙酸二钠（EDTA）溶液：100g/L。溶解 10g EDTA 于 100mL 水中。

3. 氢氧化钠溶液：200g/L。称量 20g 不含钾的氢氧化钠，溶于 100mL 水中。

4. 甲醛溶液：密度约为 1.1g/cm^3。

5. 达旦黄指示液：0.4g/L。溶解 40mg 达旦黄于 100mL 水中。

6. 四苯硼钠（STPB）溶液：12g/L。称取 12g 四苯硼钠于 600mL 烧杯中，加入约 400mL 水，使其溶解，加入 10g 氢氧化铝，搅拌 10min，用慢速滤纸过滤。如滤液呈浑浊，必须反复过滤至澄清，收集全部滤液于 250mL 容量瓶中，加入 1mL 氢氧化钠溶液，然后稀释至刻度，混匀备用。必要时，使用前重新过滤。

静置 48h，按下法进行标定：准确吸取 25mL 氯化钾标准溶液，置于 100mL 容量瓶中，加入 5mL 盐酸、10mL EDTA 溶液、3mL 氢氧化钠溶液和 5mL 甲醛溶液，由滴定管加入 38mL（按理论需要量再多 8mL）四苯硼钠溶液，用水稀释至刻度，混匀，放置 5～10min，干滤。

准确吸取 50mL 滤液于 125mL 锥形瓶中，加 8～10 滴达旦黄指示液，用十六烷基三甲基溴化铵（CTAB）溶液滴定溶液中过量的四苯硼钠至出现明显的粉红色为止。

按下式计算每毫升四苯硼钠标准溶液相当于氧化钾的质量 F：

$$F = \frac{V_0 A}{V_1 - 2V_2 R}$$

式中　V_0——所取氯化钾标准溶液的体积，mL；

$\quad\;\; A$——每毫升氯化钾标准溶液所含氧化钾的质量，g；

$\quad\; V_1$——所用四苯硼钠标准溶液的体积，mL；

$\qquad 2$——沉淀时所用容量瓶的体积与所取滤液体积的比值；

$\quad\; V_2$——滴定所消耗十六烷基三甲基溴化铵溶液的体积，mL；

$\qquad R$——每毫升十六烷基三甲基溴化铵溶液相当于四苯硼钠溶液的体积，mL。

7. 十六烷基三甲基溴化铵溶液：25g/L。称取 2.5g 十六烷基三甲基溴化铵于小烧杯中，用 5mL 乙醇润湿，然后加水溶解，并稀释至 100mL，混匀，按下法测定其与四苯硼钠溶液的比值。

准确量取 4mL 四苯硼钠溶液于 125mL 锥形瓶中，加入 20mL 水和 1mL 氢氧化钠溶液，再加入 2.5mL 甲醛溶液及 8～10 滴达旦黄指示液，用微量滴定管滴加十六烷基三甲基溴化铵（CTAB）溶液，至溶液出现明显的粉红色为止。按下式计算每毫升相当于四苯硼钠溶液的体积 R（mL）：

$$R = \frac{V_1}{V_2}$$

式中　V_1——所取四苯硼钠溶液的体积，mL；

$\quad\; V_2$——滴定所消耗十六烷基三甲基溴化铵溶液的体积，mL。

（三）仪器

滴定分析常用仪器。

（四）测定步骤

对复合肥，称取约 5g 试样；对氯化钾、硫酸钾等，称取约 1.5g 试样，精确至 0.0002g，用前面所讲制样方法制备成试样溶液。

准确吸取试样溶液 25mL 于 100mL 烧杯中，加入 10mL EDTA 溶液、3mL 氢氧化钠溶液和 5mL 甲醛溶液，由滴定管加入较理论需要量再多 8mL 的四苯硼钠溶液（10mg K_2O 需 6mL 四苯硼钠溶液），用水沿瓶壁稀释至刻度，混匀，放置 5～10min，干滤。准确吸取 50mL 滤液于 125mL 锥形瓶中，加 8～10 滴达旦黄指示液，用十六烷基三甲基溴化铵 (CTAB) 溶液滴定溶液中过量的四苯硼钠，至出现明显的粉红色为止。

（五）结果计算

$$w(K_2O) = \frac{(V_1 - 2V_2R)F}{m} \times 100\%$$

式中　V_1——所取四苯硼钠溶液的体积，mL；

　　　V_2——滴定所消耗十六烷基三甲基溴化铵溶液的体积，mL；

　　　2——沉淀时所用容量瓶的体积与所取滤液体积的比值；

　　　R——每毫升十六烷基三甲基溴化铵溶液相当于四苯硼钠溶液的体积，mL；

　　　F——每毫升四苯硼钠标准溶液相当于氧化钾的质量，g；

　　　m——所取试液中试样的质量，g。

（六）方法讨论

1. 四苯硼钠水溶液的稳定性较差，易变质浑浊，也可能是水中有痕量钾所致，加入氢氧化铝，可以吸附溶液中的浑浊物质，经过滤得澄清溶液。加氢氧化钠使四苯硼钠溶液具有一定的碱度，也可增加其稳定性。配制好的溶液，经放置 48h 以上，所标定的浓度在一星期内变化不大。

2. 加甲醛使铵盐与它反应生成六亚甲基四胺，从而消除铵盐的干扰。溶液中即使不存在铵盐，加入甲醛后亦可使终点明显。

3. 银、铷、铯等离子也产生沉淀反应，但一般钾肥中不含或极少含有这些离子，可不予考虑。钾肥中常见的杂质有钙、镁、铝、铁等硫酸盐和磷酸盐，虽与四苯硼钠不反应，但滴定体系在碱性溶液中进行，可能会生成氢氧化物、磷酸盐、硫酸盐等沉淀，因吸附作用而影响滴定，故加 EDTA 掩蔽，以消除其影响。

4. 四苯硼钾的溶解度大于四苯硼酸季铵盐（CTAB 是一种季铵盐阳离子表面活性剂），故必须滤去，以免在用 CTAB 回滴时产生干扰。

5. 试样溶液在滴定时，其 pH 必须控制在 12～13 之间，如呈酸性，则无终点出现。

6. 十六烷基三甲基溴化铵是一种表面活性剂，用纯水配制溶液时泡沫很多且不易完全溶解，如把固体用乙醇先进行润湿，然后用水溶解，则可得到澄清的溶液，乙醇的用量约为总液量的 5%，乙醇的存在对测定无影响。

三、火焰光度法——有机肥料中全钾的测定

（一）方法原理

有机肥料试样经硫酸-过氧化氢消煮，稀释后用火焰光度法测定。在一定浓度范围内，溶液中的钾浓度与发光强度成正比关系。

（二）试剂

1. 硫酸。

2. 过氧化氢。

3. 钾标准储备溶液：1mg/mL。称取 1.907g 经 110℃烘 2h 的氯化钾，溶于 1000mL 水中。

4. 钾标准溶液：100μg/mL。吸取 10.0mL 钾标准储备溶液放入 100mL 容量瓶中，加

水定容即可。

（三）仪器

1. 分析天平：感量为 0.1mg。
2. 可调电炉：1000W。
3. 火焰光度计。
4. 凯氏瓶：50mL 或 100mL。
5. 容量瓶：50mL、100mL、1000mL。
6. 移液管：5mL、10mL。
7. 弯颈小漏斗：ϕ2cm。
8. 具塞锥形瓶：150mL。

（四）测定步骤

1. 标准曲线的绘制

吸取钾标准溶液 0mL、2.50mL、5.00mL、7.50mL、10.00mL，分别置于 5 个 50mL 容量瓶中，加入与吸取试样溶液等体积的空白溶液，用水定容。此溶液为 1mL 含钾 0μg、5.00μg、10.00μg、15.00μg、20.00μg 的标准系列溶液。在火焰光度计上，以空白溶液调节仪器零点，以标准溶液系列中最高浓度的标准溶液调节光度至 80 分度处。再依次由低浓度至高浓度测量其他标准溶液，记录仪器示值。根据钾浓度和仪器示值绘制标准曲线或求出直线回归方程。

2. 试样测定

按照前面所述对有机肥料进行处理制备试样溶液。吸取 5.00mL 溶液于 50mL 容量瓶中，用水定容。与标准溶液系列同条件在火焰光度计上测定，记录仪器示值。每测量 5 个样品后需用钾标准溶液校准仪器。

（五）结果计算

全钾含量 $\rho(K)$，以 g/kg 表示，按下式计算：

$$\rho(K) = \frac{cVD}{m} \times 10^{-3}$$

式中 c——由标准曲线查得或由回归方程求得测定溶液的钾浓度，μg/mL；

V——测定体积，本操作为 50.00mL；

D——分取倍数，定容体积与分取体积的比值，为 100/5；

m——称取试样的质量，g；

10^{-3}——将 μg/g 换算为 g/kg。

所得结果应表示至小数点后第二位。

习　题

1. 作物生长所需的营养元素有哪些？肥料三要素是指哪三种元素？
2. 肥料有哪几种分类方法？
3. 什么是酸法磷肥？什么是热法磷肥？
4. 磷肥中含有的含磷化合物根据其溶解性能可以分成哪三类？分别可以用什么试剂来提取？

5. 何谓有效磷？何谓全磷？它们都是以何种成分作为计算依据的？

6. 用磷钼酸喹啉法测定磷肥中的有效磷时，所用的磷钼喹酮试剂是由哪些试剂配制成的，各试剂的作用是什么？

7. 磷钼酸喹啉重量法和容量法测定五氧化二磷含量的原理各是什么？比较它们的异同之处。

8. 氮肥中氮的存在状态有几种？分别有哪些测定方法？其测定原理和使用范围如何？

9. 试述四苯硼酸钠重量法和容量法测定氧化钾含量的原理，并比较它们的异同之处。

10. 称取过磷酸钙试样 2.200g，用磷钼酸喹啉重量法测定其有效磷含量。若分别从两个 250mL 容量瓶中用移液管吸取有效磷提取溶液 A 和 B 各 10.00mL，于 180℃干燥后得到磷钼酸喹啉沉淀 0.3824g，求该磷肥中有效磷的含量。

11. 测定氮肥中氨气的含量。称取 16.1600g 试样，精确至 0.0001g。溶解后，转移至 250mL 容量瓶中定容。移取 25.00mL 试样溶液，加少量氢氧化钠溶液，将产生的氨气导入 40.00mL 硫酸标准滴定溶液（$c = 0.2040$mol/L）中吸收，剩余的硫酸需 17.00mL 氢氧化钠标准溶液（$c = 0.1020$mol/L）中和，计算氮肥中氨气的质量分数。

12. 称取某钾肥试样 2.5000g，制成 500mL 溶液。从中吸取 25.00mL，加四苯硼酸钠标准溶液（它对氧化钾的滴定度为 1.189mg/mL）38.00mL，并稀释至 100mL。干过滤后，吸取滤液 50.00mL，用 CTAB 标准滴定溶液（1mL 该溶液相当于四苯硼酸钠标准滴定溶液的体积为 1.05mL）滴定，消耗 10.15mL，计算该肥料中氧化钾的含量。

学习情境三

煤气分析

工业生产中常使用气体作为原料或燃料；化工生产的化学反应常常有副产物废气；燃料燃烧后也产生废气（如烟道气）；生产厂房空气中常混有一定量的生产气体。所以工业气体共分四大类：气体燃料、化工原料气、废气和厂房空气。

（一）化工原料气

1. 天然气：煤与石油组成物质的分解产物，存在于含煤或石油的地层中，主要成分是甲烷，含量在 95% 以上。

2. 炼油气：原油进行热处理的产物，含甲烷及其他低分子量的碳氢化合物。

3. 焦炉煤气：煤在 800℃ 以上炼焦的气态产物，主要成分是氢及甲烷。

4. 水煤气：水蒸气和炽热的煤作用的产物，主要成分是一氧化碳和氢。如果是水蒸气及空气同时和炽热的煤作用，则生成半水煤气。

以上几种气体都是无机及有机合成的重要原料。

5. 硫铁矿焙烧炉气：含 SO_2 6%～9%，用于制造硫酸。

6. 石灰焙烧窑气：含 CO_2 32%～40%，用于制碱及制糖工业。

（二）气体燃料

上述天然气、炼油气、焦炉煤气、水煤气及半水煤气等，除作为化工生产原料气外，也可以作气体燃料。

（三）废气

燃烧炉的烟道气，组成为 N_2、O_2、CO_2、CO、水蒸气及少量其他气体。硫酸厂或硝酸厂排入大气的废气中含少量 SO_2 或 NO_2。制碱厂排出的废气中含少量 CO_2，有机化工厂的废气，则情况各异，组成较为复杂。

（四）厂房空气

因为生产设备漏气，生产厂房内的空气中常含生产用气。其中有的危害人体健康，有的则能引起燃烧或爆炸事故。

在工业生产中，为了正常、安全生产，对各种工业气体都必须经过分析，了解其组成。例如，经过对化工原料气的分析，从而掌握原料气成分的含量，以便正确配料。由中间产品气体的分析结果，可以了解生产是否正常。制造或使用气体燃料时，常由燃料的组成计算燃料的发热量。根据燃料燃烧后生成烟道气的成分，可以了解燃烧是否正常。分析厂房空气检查厂房通风及设备漏气情况，确定有无有害气体，并由有害气体的含量，判断是否危及人体健康及厂房安全。

气体的特点是质量较小、流动性大而且体积随环境温度或压力的改变而显著改变。因此，在气体分析中，一般都是测量气体的体积而不是称量质量，并于测量的同时，测量环境的温度和压力。

目前，在生产实际中，对于气体物料，大都是根据其物理或物理-化学性质和化学性质进行分析鉴定的。

任务 1　气体试样的取样方法

气体的取样与其他试样的采取具有相同的重要性，取样不正确，进一步分析就毫无意义。气体由于扩散作用，比较容易混匀，但因气体存在的形式不同而使情况复杂，如静态的气体与动态的气体取样方法有所不同。由于气体的各种特点，取样如不注意，也易于混入杂质，致使分析数据不能指导生产。

从气体组成不一致的某一点取样，则所采取的试样不能代表其平均组成。在气体组成急剧变化的气体管路中迅速取得的试样也不能代表原气体的一般组成。因此，必须根据分析目的而决定采取何种气体试样。在化工厂中最常采取的有下列各种气体试样。

平均试样：用一定装置使取样过程能在一个相当时间内或整个生产循环中，或者在某生产过程的周期内进行，所取试样可以代表一个过程或整个循环内气体的平均组成。

定期试样：经过一定时间间隔所采取的试样。

定位试样：在设备中不同部位（如上部、中部、下部）所采取的试样。

混合试样：是几个试样的混合物，这些试样取自不同对象或在不同时间内取自同一对象。

一、采样方法

自气体容器中取样时，可在该容器上装入一个取样管，再用橡胶管与准备盛试样的容器相连，开启取样管的活塞后，气体用本身的压力或借助一种抽吸方法，而使气体试样进入取样容器中，或者直接进入气体分析器中。

自气体管路中取样时，可在该管道的取样点处，装一支玻璃管或金属的取样管，如用金属管，金属不应与气体发生化学作用。取样管应装入管道直径的 1/3 处，气体中如有机械杂质，应在取样管与取样容器间装过滤器（如装有玻璃纤维的玻璃瓶），气体温度超过 200℃时，取样管必须带有冷却装置。

（一）常压下取样

当气体压力近于大气压或等于大气压时，常用封闭液改变液面位置以引入气体试样。当感到气体压力不足时，可以利用流水抽气泵抽取气体试样。

1. 用取样瓶采取气体试样

如图 3-1 所示，此仪器系由两个大玻璃瓶组成，其中瓶 1 是取样容器，经过旋塞 4 与取样管 3 相连，瓶 2 为水准瓶，用于产生真空（负压）。先应用封闭液将瓶 1 充满至瓶塞，打开夹子 5，使封闭液流入瓶 2，而使气体经管 3 自旋塞 4 引入。关闭旋塞 4，提升瓶 2 后，再使旋塞 4 与大气相通，将气体自旋塞 4 排入大气中。如此 3～4 次，旋转旋塞 4 再使管 3 与瓶 1 相通并开始取样。用夹子 5 调节瓶中液体流速，使取样过程在规定时间内完成（从数分钟至数天）。取样结束后，关闭旋塞4和夹子5，取下取样管3，并将试样送至化验室进行分析，所取试样的体积随流入瓶2的封闭液的数量而定。到化验室后，将旋塞4与气体分析器的引气管相连，升高瓶2，打开夹子5即有气体自瓶1排入气体分析器中。

2. 用取样管采取气体试样

如图3-2所示，取样管的一端与水准瓶相连，瓶中注有封闭液。当取样管两端旋塞打开时，将水准瓶提高，使封闭液充满至取样管的上旋塞，此时将取样管上端与取样点上的金属管相连，然后放低水准瓶，打开旋塞，则气体试样进入取样管中，然后关闭旋塞2，将取样管与取样点上的金属管分开，提高水准瓶，打开旋塞将气体排出，如此重复3～4次，最后吸入气体，关闭旋塞。分析时将取样管上端与分析器的引气管相连，打开旋塞提高水准瓶，将气体压入分析器中。

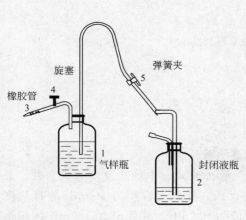

图 3-1　取样瓶

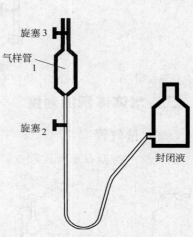

图 3-2　取样管

3. 用抽气泵采取气体试样

当用封闭液吸入气体仍感压力不足时，可采用流水抽气泵抽取，取样管上端与抽气泵相连，下端与取样点上的金属管相连，如图3-3所示，将气体试样抽入。分析时将取样管上端与气体分析器的引气管相连，下端插入封闭液中，然后可以利用气体分析器中的水准瓶将气体试样吸入气体分析器中。

（二）正压下取样

当气体压力高于大气压力时，只需放开取样点水的旋塞，气体即可自动流入气体取样器中。如果气体压力过大，应在取样点上的金属管与取样容器之间接入缓冲瓶。常用的正压取样容器有球胆。取样时必须用气体试样置换球胆内的空气3～4次。

（三）负压下取样

气体压力小于大气压时为负压。当负压不高时，可以利用流水抽气泵抽取，当负压高时，可用抽空容器取样。此容器是0.5～3L的各种瓶子，瓶上有旋塞，在取样前用泵抽出瓶内空气，使压力降至8～13kPa，然后关闭旋塞，称出质量，再至取试样地点，将试样瓶上的管头与取样点上的金属管相连，打开活塞取样，取试样后关闭旋塞称出质量，前后两次质量之差即为试样的质量。

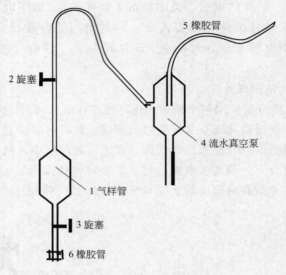

图 3-3　流水抽气泵采样装置

二、气体体积的测量

（一）量气管

量气管的类型有单臂式和双臂式两类，如图 3-4 所示。

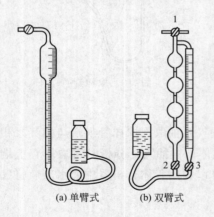

(a) 单臂式　　(b) 双臂式

图 3-4　量气管

1,2,3—旋塞

1. 单臂式量气管

单臂式量气管分直式、单球式及双球式 3 种。最简单的量气管是直式，是一支容积为 100mL 的有刻度的玻璃管，分度值为 0.2mL，可读出在 100mL 体积范围内的所示体积。单球式量气管的下端细长部分一般有 40～60mL 的刻度，分度值为 0.1mL，上部球状的部分也有体积刻度，一般较少使用，精度也不高。双球式量气管在上部有 2 个球状部分，其中上球的体积为 25mL，下球的体积为 35mL，下端为细长部分，一般刻有 40mL 刻度线，分度值为 0.1mL，是常用于测量气体体积的部分，而球形部分的体积用于固定体积的测量。如量取 25.0mL 气体体积，用于燃烧法实验等。量气管的末端用橡胶管与水准瓶相连，顶端是引入气体与赶出气体的出口，可与取样管相通。

2. 双臂式量气管

总体积也是 100mL，左臂由 4 个 20mL 的玻璃球组成，右臂是分度值为 0.05mL、体积为 20mL 的细管（加上备用部分共 22mL）。可以测量 100mL 以内的气体体积。量气管顶端通过旋塞 1 与取样器、吸收瓶相连，下端有旋塞 2、旋塞 3 分别用于量取气体体积，末端用橡胶管与水准瓶相连。当打开旋塞 2、旋塞 3 并使旋塞 1 与大气相通，升高水准瓶时，液面上升，将量气管中原有气体赶出，然后旋转旋塞 1 使之与取样器或气体储存器相连，先关上旋塞 3，放下水准瓶，将气体自旋塞 1 引入左臂球形管中，测量一部分气体体积，然后关上旋塞 2，打开旋塞 3，气体流入细管中，关上旋塞 1，测量出细管中气体的体积，两部分体积之和即为所取气体的体积。如测量 42.75mL 气体时，用左臂量取 40mL，右臂量取 2.75mL，总体积即为 42.75mL。

3. 量气管的使用

当水准瓶升高时，液面上升，可将量气管中的气体赶出。当水准瓶放低时，液面下降，将气体吸入量气管。量气管和进气管、排气管配合使用，可完成排气和吸入样品的操作，收集足够的气体以后，关闭气体分析器上的进样阀门。将量气管的液面与水准瓶的液面对齐（处在同一水平面上），读出量气管上的读数，即为气体的体积。

4. 量气管的校正

量气管上虽然有刻度，但不一定与标明的体积相等。对于精确的测量，必须进行校正。

在需要校正的量气管下端，用橡胶管套上一个玻璃尖嘴，再用夹子夹住橡胶管。在量气管中充满水至刻度的零点，然后放水于烧杯中，各为 0～20mL、0～40mL、0～60mL、0～80mL、0～100mL，精确称量出水的质量，并测量水温，查出在此温度下水的密度，通过计算得出准确的体积。若干毫升水的真实体积与实际体积（刻度）之差即为此段间隔（体积）。

（二）气量表

分析高浓度的气体含量时，以量气管取 100mL 混合气体就已经足够使用。但在测定微量气体含量时，取 100mL 混合气体就太少了。例如，在 100mL 空气中只含有 0.03mL CO_2，这种分析就必须取混合气体若干升或若干立方米；而且在动态的情况下，测量大体积的气体时，即测量在某一时间内（例如 1h）、以一定的流速通过的气体体积，就必须使用气体流速计或气量表，测量通过吸收剂的大量气体的体积。

1. 气体流量计

气体流量计常称为湿式流量计，由金属筒构成，其中盛半筒水，在筒内有一金属鼓轮将圆筒分割为四个小室。鼓轮可以绕着水平轴旋转，当空气通过进气口进入小室时，推动鼓轮旋转，鼓轮的旋转轴与筒外刻度盘上的指针相连，指针所指示的读数，即为采集气体试样的体积。刻度盘上的指针每转一圈一般为 5L，也有 10L 的。流量计上附有水平仪，底部装有螺旋，以便调节流量计的水平位置。另外还有压力计和温度计，其中温度计用于测量通过气体的温度，压力计用于调节通过气体的压力与大气的压力相等，便于体积换算。

湿式流量计的准确度高，但测量气体的体积有一定限额，并且不易携带。常用于其他流量计的校正或化验室固定使用。

2. 气体流速计

气体流速计是化验室中使用最广泛的仪器，它是靠测量气体流速从而计算出气体的体积。其原理是当气体通过毛细管时由于管子狭窄部分的阻力，在此管中产生气压降低，在阻力前后压力之差由装某种液体的 U 形管中两臂的液面差表示出来。气体流速越大，液面差越大。

3. 转子流量计

转子流量计由上粗下细的锥形玻璃管与上下浮动的转子组成。转子一般用铜或铝等金属及有机玻璃和塑料制成。气流越大，转子升得越高。转子流量计在生产现场使用比较方便。但在用吸收管采样时，在吸收管与转子流量计之间需接一个干燥管，否则湿汽凝结在转子上，将改变转子的质量而产生误差。转子流量计的准确性比流速计差。

任务 2　气体化学分析

气体的化学分析法，主要有吸收法和燃烧法。在生产实际中，往往是两种方法结合使用。

一、吸收法

气体的化学吸收分析法包括气体吸收体积法、气体吸收滴定法、气体吸收重量法和气体吸收比色法等。

(一) 吸收体积法

利用气体的化学特性，使气体混合物和特定试剂接触，则混合气体中的待测组分和试剂由于发生化学反应而被定量吸收，其他组分则不发生反应。如果吸收前、后的温度及压力一致，则吸收前、后的体积之差，即为待测组分的体积。此法主要用于常量气体的测定。

例如，O_2 及 CO_2 的混合气体和 KOH 接触时，CO_2 被 KOH 吸收生成 K_2CO_3，而 O_2 则不被吸收。

$$2KOH + CO_2 \longrightarrow K_2CO_3 + H_2O$$

对于液态或固态物料，也可以利用同样原理。首先使物料中的待测组分经过化学反应转化为气体逸出，然后，用特定试剂吸收，根据气体体积进行定量。例如，使钢铁在氧气流中燃烧，其中的碳生成 CO_2。先测量 CO_2 及 O_2 混合气的体积后，再使其和 KOH 溶液接触，则 CO_2 被 KOH 吸收，再测量剩余气体（O_2）的体积，两次体积之差，即为 CO_2 的体积。由 CO_2 的量计算钢铁中碳的含量。此法由于涉及气体吸收过程，也被视为吸收体积法。

1. 气体吸收剂

用来吸收气体的试剂称为气体吸收剂。不同的气体有不同的化学性质，使用不同的吸收剂。吸收剂可以是液态，也可以是固态。例如固态海绵状钯，常作为氢的吸收剂。但是，在多数情况下是使用液态吸收剂。现将常见工业气体及其适当的吸收剂叙述如下。

二氧化碳：二氧化碳是酸性气体，常用苛性碱溶液做吸收剂。因为氢氧化钠的浓溶液极易产生泡沫，而且吸收二氧化碳后生成的碳酸钠又难溶解于氢氧化钠的浓溶液中，以致发生仪器管道的堵塞事故，因此，通常都使用氢氧化钾。在生产实际中，一般是使用 33% 氢氧化钾溶液。这种浓度的溶液，1mL 能吸收 40mL 二氧化碳。硫化氢、二氧化硫等酸性气体也和氢氧化钾反应，干扰吸收，应事前除去。

氧：焦性没食子酸（学名邻苯三酚或 1,2,3-三羟基苯）的碱性溶液和氧作用，生成六氧基联苯钾，是最常用的氧吸收剂。反应分两步进行，首先是焦性没食子酸和碱发生中和反应，生成焦性没食子酸钾。反应如下：

$$C_6H_3(OH)_3 + 3KOH \longrightarrow C_6H_3(OK)_3 + 3H_2O$$

然后是焦性没食子酸钾和氧作用，焦性没食子酸钾被氧化为六氧基联苯钾，反应如下：

$$2C_6H_3(OK)_3 + \frac{1}{2}O_2 \longrightarrow (KO)_3H_2C_6C_6H_2(OK)_3 + H_2O$$

按通用配方制备的焦性没食子酸的氢氧化钾溶液，1mL 能吸收 8～12mL 氧。此试剂的吸收效率，因温度降低而减弱。0℃时几乎不能吸收氧，温度在 15℃ 以上、气体中含氧量在 25% 以下时，吸收效率最高。对含氧量低于 10% 的气体，应使用有精密标度的仪器。因为试剂是碱性溶液，所以也受酸性气体的干扰。

强还原剂低亚硫酸钠（又名连二亚硫酸钠，二硫磺酸钠，俗名保险粉，$Na_2S_2O_4$），在有蒽醌-β-磺酸钠作为催化剂共存时，也是良好的氧吸收剂。吸收反应也是氧化还原过程。

$$2Na_2S_2O_4 + O_2 + 2H_2O \longrightarrow 4NaHSO_3$$

按通用配方制备的低亚硫酸钠的碱性溶液 1mL 能吸收 10mL 氧。

一氧化碳：氯化亚铜的氨性溶液是常用的一氧化碳吸收剂，一氧化碳和氯化亚铜作用生成不稳定的 $Cu_2Cl_2 \cdot 2CO$。反应如下：

$$Cu_2Cl_2 + 2CO \longrightarrow Cu_2Cl_2 \cdot 2CO$$

在氨性溶液中，进一步发生不可逆的分解反应：

$$Cu_2Cl_2 \cdot 2CO + 4NH_3 + 2H_2O \longrightarrow \begin{array}{c} Cu-COONH_4 \\ | \\ Cu-COONH_4 \end{array} + 2NH_4Cl$$

按通用配方制备的氯化亚铜的氨性溶液，1mL 能吸收 16mL 一氧化碳。对一氧化碳含量高的气体，应使用两次吸收装置。经过氯化亚铜的氨性溶液吸收一氧化碳后的剩余气体中，常含有氨气，因此，在测量剩余气体的体积之前，应该先使气体通过硫酸溶液，除去氨气。

亚铜盐的氨性溶液还能吸收氧、乙炔、乙烯及许多不饱和碳氢化合物和酸性气体。在吸收一氧化碳之前，应除去一切干扰气体。也可以用亚铜盐的盐酸溶液吸收一氧化碳，但是，吸收效率较差。

不饱和烃（C_nH_m）：在气体分析中，不饱和烃通常是指 C_nH_{2n}（例如乙烯、丙烯、丁烯）、C_nH_{2n-2}（例如乙炔）、苯及甲苯等。溴能和不饱和烃发生加成反应生成液态溴代烃，因此饱和溴水是不饱和烃的良好吸收剂。

$$CH_2=CH_2 + Br_2 \longrightarrow CH_2Br-CH_2Br$$
$$CH\equiv CH + 2Br_2 \longrightarrow CHBr_2-CHBr_2$$

浓硫酸在有硫酸银作为催化剂存在下，能和不饱和烃作用生成烃基磺酸、亚烃基磺酸或芳磺酸，因此，也是不饱和烃的常用吸收剂。

$$CH_2=CH_2 + H_2SO_4 \longrightarrow CH_3-CH_2OSO_2CH$$
乙基硫酸

$$CH\equiv CH + 2H_2SO_4 \longrightarrow CH_3-CH(OSO_2OH)_2$$
亚乙基硫酸

$$C_6H_6 + H_2SO_4 \longrightarrow C_6H_5SO_3H + H_2O$$

二氧化氮：硫酸、高锰酸钾、氢氧化钾溶液是二氧化氮的吸收剂。

$$2NO_2 + H_2SO_4 \longrightarrow HO(ONO)SO_2 + HNO_3$$
$$10NO_2 + 2KMnO_4 + 3H_2SO_4 + 2H_2O \longrightarrow 10HNO_3 + K_2SO_4 + 2MnSO_4$$
$$2NO_2 + 2KOH \longrightarrow KNO_3 + KNO_2 + H_2O$$

2. 混合气体的吸收顺序

上述气体吸收剂不完全是某种气体的特效吸收剂，因此，在吸收过程中，必须根据实际情况，妥善安排吸收次序。例如煤气中主要含 CO_2、C_nH_m、O_2、CO、CH_4、H_2 及 N_2 等气体，根据吸收剂的性质，分析煤气时，吸收顺序应该作如下安排。

氢氧化钾溶液：只吸收二氧化碳，其他组分不干扰吸收，应排在第一。

饱和溴水：只吸收不饱和烃，其他组分不干扰。但是，由于吸收不饱和烃后，用碱溶液除去混入的溴蒸气时，二氧化碳也同时被吸收。因此，只能排在氢氧化钾溶液之后。

焦性没食子酸的碱性溶液：试剂本身只和氧作用，但是因为是碱性溶液，能吸收酸性气体，所以，应排在氢氧化钾溶液之后。

氯化亚铜的氨性溶液：不但能吸收一氧化碳，还能吸收二氧化碳、氧、不饱和烃等气体。因此，只能在这些干扰气体除去后使用，故排在第四位。

甲烷及氢，通常用燃烧法测定，留待燃烧法中讨论。

所以煤气分析的顺序应为：KOH 溶液吸收 CO_2，饱和溴水吸收不饱和烃，焦性没食子酸的碱性溶液吸收 O_2，氯化亚铜的氨性溶液吸收 CO，用燃烧法测定 CH_4 及 H_2，剩余气体为 N_2。

（二）吸收容量滴定法——气体中硫化氢含量的测定

综合应用吸收法和容量分析法，测定气体物质的含量，称为吸收容量滴定法。其实质是使混合气体通过特定的吸收剂溶液，则待测组分和吸收剂反应而被吸收，然后，在一定条件下，用一定的标准溶液滴定。根据消耗的标准溶液的体积，计算出待测气体的含量。例如，天然气中有害杂质硫化氢含量的测定，就是使一定量的天然气样品通过乙酸镉溶液，则 H_2S 和 Cd^{2+} 反应生成黄色 CdS 沉淀。然后，将溶液转化为酸性，加入一定量过量的碘标准溶液，氧化 S^{2-} 为 S，剩余过量的 I_2，用硫代硫酸钠标准溶液滴定。由 I_2 的消耗量计算硫化氢含量，反应按下列顺序进行。

吸收：$\qquad H_2S + CdAc_2 \longrightarrow CdS + 2HAc$

酸化及氧化：$\quad CdS + 2HCl + I_2 \longrightarrow 2HI + CdCl_2 + S \downarrow$

返滴定：$\qquad I_2 + 2Na_2S_2O_3 \longrightarrow Na_2S_4O_6 + 2NaI$

1. 仪器

装置见图 3-5。

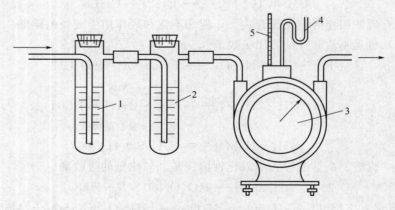

图 3-5　气体中 H_2S 测定装置

1,2—吸收管（装乙酸镉溶液）；3—湿式流量计；4—压力计；5—温度计

2. 试剂

① 3％乙酸镉溶液：30g 乙酸镉、10mL 冰乙酸，溶解于蒸馏水中，稀释为 1L。

② 1+1 盐酸。

③ 0.01mol/L 碘标准溶液。

④ 0.01mol/L 硫代硫酸钠标准溶液。

⑤ 1％淀粉溶液。

3. 测定过程

量取 3％乙酸镉溶液 50mL，分别注入吸收管 1 及 2 中。按图 3-5 所示，连接吸收管、湿式流量计及取样管。缓缓通入样品约 10L（流速保持为 5L/1.5min，脱硫后的天然气可以增为 20L），关闭入口旋塞。转移吸收管 1 及 2 中的溶液及沉淀于 250mL 锥形瓶中，以水充分洗涤吸收管，洗涤液合并于锥形瓶中，加 1+1 盐酸 5mL。精确加入 0.01mol/L 碘标准溶液 25.00mL，混合均匀。以 0.01mol/L 硫代硫酸钠标准溶液滴定至淡黄色后，加 1％淀粉溶液 1mL，继续滴定至蓝色恰恰消失溶液为白色浑浊为止。同时测量温度及大气压力。

4. 结果计算

按下式计算硫化氢含量：

$$H_2S(mg/m^3) = \frac{(c_1V_1 - c_2V_2) \times 17 \times 1000}{V \times \frac{p \times 273}{760 \times (273 + t)}}$$

式中　V_1——加入碘标准溶液的体积，mL；

$\quad\quad c_1$——碘标准溶液的浓度，mol/L；

$\quad\quad V_2$——滴定消耗硫代硫酸钠标准溶液的体积，mL；

$\quad\quad c_2$——硫代硫酸钠标准溶液的浓度，mol/L；

$\quad\quad 17$——$\frac{1}{2}H_2S$ 的摩尔质量，g/mol；

$\quad\quad V$——样品的体积，L；

$\quad\quad p$——测定时的大气压力，mmHg（1mmHg=133.322Pa）；

$\quad\quad t$——测定时的温度，℃。

吸收容量滴定法被广泛用于气体分析。例如，气体中氨含量的测定，可以用酸标准溶液吸收，然后，用碱标准溶液滴定剩余过量的酸。

吸收：$\quad\quad\quad\quad\quad\quad 2NH_3 + H_2SO_4 \longrightarrow (NH_4)_2SO_4$

滴定：$\quad\quad\quad\quad\quad\quad H_2SO_4 + 2NaOH \longrightarrow Na_2SO_4 + 2H_2O$

氯含量的测定，则常用碘化钾溶液吸收，因为氧化还原反应释放出和氯等物质量的碘，然后，用硫代硫酸钠标准溶液滴定。

吸收：$\quad\quad\quad\quad\quad\quad 2KI + Cl_2 \longrightarrow 2KCl + I_2$

滴定：$\quad\quad\quad\quad\quad\quad I_2 + 2Na_2S_2O_3 \longrightarrow Na_2S_4O_6 + 2NaI$

（三）吸收重量法

综合应用吸收法和重量分析法，测定气体物质或可以转化为气体物质的元素含量，称为吸收重量法。例如，使混合气体通过氢氧化钾溶液，则二氧化碳被吸收。由氢氧化钾溶液增加的质量，测定混合气体中二氧化碳的含量。

例如：测定有机化合物中碳及氢等元素的含量，是使有机化合物在氧气流中燃烧，则碳及氢分别被氧化为 CO_2 及 H_2O。然后，用已知质量的吸收剂——碱石棉及过氯酸镁分别吸收 CO_2 及 H_2O。由吸收剂增加的质量，计算有机化合物中碳及氢的含量。

（四）吸收比色法

综合应用吸收法和比色法来测定气体物质（或可以转化为气体的其他物质）含量的分析方法称为吸收比色法。其原理是使混合气体通过吸收剂（固体或液体），待测气体被吸收，而吸收剂产生不同的颜色（或吸收后再作显色反应），其颜色的深浅与待测气体的含量成正比，从而得出待测气体的含量。此法主要用于微量气体组分含量的测定。

例如，测定混合气体中的微量乙炔时，使混合气体通过吸收剂-亚铜盐的氨溶液，乙炔被吸收，生成乙炔铜的紫红色胶体溶液。反应如下：

$$2C_2H_2 + Cu_2Cl_2 \longrightarrow 2CH\equiv CCu + 2HCl$$

其颜色的深浅与乙炔的含量成正比，可进行比色测定，从而得出乙炔的含量。大气中的二氧化碳、氮氧化物等均是采用吸收比色法进行测定的。

二、燃烧法

有些气体，例如挥发性饱和碳氢化合物，性质比较稳定，和一般化学试剂较难发生化学反应，没有适当的吸收剂，因此，不能用吸收法测定。但是，这些气体大都可以燃烧，所以可以利用燃烧法测定含量。

氢及一氧化碳，虽然有吸收剂，但是在一定情况下，也可以用燃烧法测定。

可燃性气体燃烧时，其体积的缩减、消耗氧的体积或生成二氧化碳的体积等，都与原来的可燃性气体有一定的比例关系，可根据它们之间的这种定量关系，分别计算出各种可燃性气体组分的含量，这是燃烧法的主要理论依据。

氢的燃烧，反应按下式进行：

$$2H_2 + O_2 \longrightarrow 2H_2O$$

在实际中，氢的体积一般不超过 100mL。因此，燃烧后生成的水蒸气在室温下冷凝为液态水的体积很小，可以忽略不计。则由上式可见，反应过程中，有 3 体积的气体消失，其中有 2 体积氢、1 体积氧。因此，氢的体积为缩减体积的 2/3。如果，以 $V(H_2)$ 代表未燃烧前氢的体积，$V_\text{缩}$ 代表燃烧后缩减体积，则

$$V(H_2) = \frac{2}{3}V_\text{缩}$$

或

$$V_\text{缩} = \frac{3}{2}V(H_2)$$

在氢燃烧过程中，消耗氧的体积是原有氢体积的 1/2，以 $V_\text{耗氧}$ 代表消耗氧的体积，则

$$V(H_2) = 2V_\text{耗氧}$$

甲烷的燃烧，反应按下式进行：

$$CH_4 + 2O_2 \longrightarrow CO_2 + 2H_2O$$
$$1体积 \quad 2体积 \quad \ \ 1体积 \quad 0体积$$

反应式表明，1 体积甲烷和 2 体积氧反应生成 1 体积二氧化碳和 0 体积液态水。由 3 体积缩减为 1 体积，即 1 体积甲烷燃烧后，体积的缩减是甲烷体积的 2 倍。如果，以 $V(CH_4)$ 代表燃烧前甲烷的体积，则

$$V_\text{缩} = 2V(CH_4)$$

在甲烷燃烧过程中，消耗氧的体积是原有甲烷体积的 2 倍，则

$$V(CH_4) = \frac{1}{2}V_\text{耗氧}$$

或

$$V_\text{耗氧} = 2V(CH_4)$$

甲烷燃烧后，产生与甲烷同体积的二氧化碳。以 $V_\text{生}(CO_2)$ 代表燃烧后生成的二氧化

碳的体积，则

$$V_生(CO_2)=V(CH_4)$$

一氧化碳的燃烧，反应按下式进行：

$$2CO+O_2 \longrightarrow 2CO_2$$
$$2体积 \quad 1体积 \quad 2体积$$

反应式表明，2 体积一氧化碳和 1 体积氧反应，生成 2 体积二氧化碳。由 3 体积缩减为 2 体积，即体积缩减为一氧化碳体积的 1/2。如果，以 $V(CO)$ 代表燃烧前一氧化碳的体积，则

$$V(CO)=2V_缩$$

或

$$V_缩=\frac{1}{2}V(CO)$$

在一氧化碳燃烧过程中，消耗氧的体积是原有一氧化碳体积的 1/2 倍，则

$$V_耗氧=\frac{1}{2}V(CO)$$

或

$$V(CO)=2V_耗氧$$

一氧化碳燃烧后，产生与一氧化碳同体积的二氧化碳，则

$$V_生(CO_2)=V(CO)$$

综上所述，可见任何可燃性气体燃烧后，由测量其体积缩减、消耗氧的体积或生成二氧化碳的体积，都可以计算可燃性气体的量，这就是燃烧法测定可燃性气体含量的理论依据。常见可燃性气体的燃烧反应及有关体积的变化关系见表 3-1。

表 3-1 常见可燃性气体的燃烧反应及有关体积的变化

气体	燃烧反应	可燃性气体体积	消耗氧的体积	缩减体积	生成二氧化碳体积
氢	$2H_2+O_2 \longrightarrow 2H_2O$	$V(H_2)$	$\frac{1}{2}V(H_2)$	$\frac{3}{2}V(H_2)$	0
一氧化碳	$2CO+O_2 \longrightarrow 2CO_2$	$V(CO)$	$\frac{1}{2}V(CO)$	$\frac{1}{2}V(CO)$	$V(CO)$
甲烷	$CH_4+2O_2 \longrightarrow CO_2+2H_2O$	$V(CH_4)$	$2V(CH_4)$	$2V(CH_4)$	$V(CH_4)$
乙烷	$2C_2H_6+7O_2 \longrightarrow 4CO_2+6H_2O$	$V(C_2H_6)$	$\frac{7}{2}V(C_2H_6)$	$\frac{5}{2}V(C_2H_6)$	$2V(C_2H_6)$
乙烯	$C_2H_4+3O_2 \longrightarrow 2CO_2+2H_2O$	$V(C_2H_4)$	$3V(C_2H_4)$	$2V(C_2H_4)$	$2V(C_2H_4)$

（一）一元可燃性气体燃烧后的计算

气体混合物中只含一种可燃性气体时，测定过程及计算都比较简单。可以先用吸收法除去干扰组分（例如氧、二氧化碳等），再加入一定量的氧或空气，燃烧后，根据体积的变化或生成二氧化碳的体积，计算可燃性气体的含量。

【例 3-1】 有氮、氧、二氧化碳、一氧化碳的混合气体 50.00mL。经用氢氧化钾溶液、焦性没食子酸的碱性溶液吸收，测定二氧化碳及氧的含量后，向剩余气体中加入空气（供给燃烧所需要的氧），燃烧，测得生成的二氧化碳的体积为 20.00mL。计算混合气体中一氧化碳的体积百分含量。

解 因为一氧化碳燃烧后，生成二氧化碳的体积应与混合气体中一氧化碳的体积相等。所以 $V(CO)=20.00mL$，则

$$\varphi(CO) = \frac{20.00}{50.00} \times 100\% = 40.0\%$$

【例 3-2】 有 H_2 和 N_2 的混合气体 40.00mL，加空气燃烧后，测得其总体积减少 18.00mL，求 H_2 在混合气体中的体积分数。

解 根据燃烧法的基本原理

$$2H_2 + O_2 \longrightarrow 2H_2O$$

H_2 燃烧时，体积的缩减为 H_2 体积的 3/2，即

$$V(H_2) = \frac{2}{3} \times 18.00 = 12.00(mL)$$

$$\varphi(H_2) = \frac{12.00}{40.00} \times 100\% = 30.0\%$$

(二) 二元可燃性气体混合物的测定

如果气体混合物中含两种可燃性组分，可以先用吸收法除去干扰组分后，经过燃烧，测量其体积缩减、消耗氧的体积或生成二氧化碳的体积，根据前述燃烧法的基本理论，列出二元联立方程组，计算可燃性组分的含量。

① 甲烷及一氧化碳的气体混合物 设一氧化碳的体积为 $V(CO)$，甲烷的体积为 $V(CH_4)$，则燃烧后，由一氧化碳引起的体积缩减应为 $\frac{1}{2}V(CO)$，而由甲烷引起的体积缩减应为 $2V(CH_4)$，实际测定的总体积缩减为 $V_缩$。则

$$V_缩 = \frac{1}{2}V(CO) + 2V(CH_4) \tag{1}$$

又由于一氧化碳及甲烷燃烧后，分别都生成等体积的二氧化碳。如果设实际测定生成二氧化碳的总体积为 $V(CO_2)$，则

$$V(CO_2) = V(CO) + V(CH_4) \tag{2}$$

解联立方程组 (1) 及 (2)，得

$$V(CO) = \frac{4V(CO_2) - 2V_缩}{3} \qquad V(CH_4) = \frac{2V_缩 - V(CO_2)}{3}$$

【例 3-3】 一氧化碳、甲烷及氮的混合气体 20.00mL。加入一定量过量的氧，燃烧后，体积缩减 21.00mL，生成二氧化碳 18.00mL。计算混合气体中各组分的体积百分含量。

解 由前述理论及题意得

$$\frac{1}{2}V(CO) + 2V(CH_4) = 21.00 \tag{1}$$

$$V(CO) + V(CH_4) = 18.00 \tag{2}$$

解联立方程组 (1) 及 (2) 得

$$V(CO) = 10.00(mL)$$

$$V(CH_4) = 8.00(mL)$$

$$V(N_2) = 2.00(mL)$$

$$\varphi(CO) = \frac{10.00}{20.00} \times 100\% = 50.0\%$$

则：

$$\varphi(CH_4) = \frac{8.00}{20.00} \times 100\% = 40.0\%$$

$$\varphi(N_2) = \frac{2.00}{20.00} \times 100\% = 10.0\%$$

② 氢及甲烷的气体混合物　设氢的体积为 $V(H_2)$，甲烷的体积为 $V(CH_4)$，则燃烧后，由氢引起的体积缩减应为 $\frac{3}{2}V(H_2)$，而由甲烷引起的体积缩减应为 $2V(CH_4)$，实际测定的总体积缩减为 $V_缩$。

$$V_缩 = \frac{3}{2}V(H_2) + 2V(CH_4) \tag{1}$$

又由于氢燃烧消耗氧的体积应为 $\frac{1}{2}V(H_2)$，甲烷燃烧消耗氧的体积应为 $2V(CH_4)$，则总消耗氧的体积应为：

$$V(O_2) = \frac{1}{2}V(H_2) + 2V(CH_4) \tag{2}$$

氢燃烧不生成二氧化碳，而甲烷燃烧则生成等体积的二氧化碳。

$$V(CO_2) = V(CH_4) \tag{3}$$

因此，根据燃烧后测量的 $V_缩$、$V(O_2)$、$V(CO_2)$ 中任意两个数据，由（1）、（2）、（3）中任意二式联立，都可以计算氢及甲烷的量。

【例 3-4】　含氢、甲烷、氮的混合气体 20.00mL，精确加入空气 80.00mL，燃烧后用氢氧化钾溶液吸收生成的二氧化碳，剩余气体体积为 68.00mL，再用焦性没食子酸的碱性溶液吸收剩余的氧后，体积为 66.28mL，计算混合气体中氢、甲烷及氮的体积百分含量。

解　因为空气中含氧为 20.9%，所以 80.00mL 空气中含氧为 $80.00 \times \frac{20.9}{100}$mL。燃烧后剩余的氧为 $68.00 - 66.28$mL，故气体燃烧时消耗氧的体积为：

$$V(O_2) = 80.00 \times \frac{20.9}{100} - (68.00 - 66.28) = 15.00(mL)$$

即

$$\frac{1}{2}V(H_2) + 2V(CH_4) = 15.00 \tag{1}$$

燃烧后，虽然未直接测量缩减体积，但是因为燃烧前气体的总体积为 $(20.00 + 80.00)$ mL，而除去生成的二氧化碳后的体积为 68.00mL，可知应有下列关系：

$$V_缩 + V(CO_2) = 20.00 + 80.00 - 68.00 = 32.00(mL)$$

而 $V_缩 = \frac{3}{2}V(H_2) + 2V(CH_4)$，$V(CO_2) = V(CH_4)$，代入上式得：

$$\frac{3}{2}V(H_2) + 3V(CH_4) = 32.00(mL) \tag{2}$$

解（1）、（2）联立方程组，得

$V(H_2) = 12.7$mL，$V(CH_4) = 4.33$mL，$V(N_2) = 20.00 - 12.7 - 4.33 = 2.97(mL)$

计算百分含量，则为：

$$\varphi(H_2) = \frac{12.70}{20.00} \times 100\% = 63.5\%$$

$$\varphi(CH_4) = \frac{4.33}{20.00} \times 100\% = 21.65\%$$

$$\varphi(N_2)=\frac{2.97}{20.00}\times100\%=14.85\%$$

（三）燃烧方法

在气体分析中，使可燃性气体燃烧的方法通常有三种。

1. 爆炸燃烧法

可燃性气体和空气（或氧）混合，当二者的浓度达到一定比例时，遇火源即能爆炸。利用可燃性气体的这种性质，使可燃性气体在特殊仪器中爆炸燃烧，称为爆炸燃烧法。

不同气体能够爆炸燃烧的浓度有一定的变动范围，这个范围称为"爆炸极限"。在这个范围内，可燃性气体的最低浓度，称为"爆炸下限"；最高浓度称为"爆炸上限"。例如，在空气中，氢的爆炸极限为 4.00%～74.20%、甲烷为 5.00%～15.00%、一氧化碳为 12.50%～74.20%、氨为 15.50%～27.00%。其他常见气体或蒸气在空气中的爆炸极限，可参阅"分析化学手册"。爆炸极限在工业生产的防火、防爆工作中有着极其重要的意义。

2. 缓慢燃烧法

如果使可燃性气体和空气（或氧）混合，但是浓度控制在爆炸极限的下限以下，则只能在炽热金属丝加热下，缓慢燃烧，这种使可燃性气体燃烧的方法，称为缓慢燃烧法。缓慢燃烧法适用于可燃性组分浓度较低的混合气体或空气中可燃物的测定。

3. 氧化铜燃烧法

氧化铜在高温下，具有一定的氧化活力，可以氧化可燃性气体使其缓慢燃烧。氢、一氧化碳在 280℃ 以上即开始燃烧。甲烷则必须在 600℃ 以上才能氧化。

燃烧。在实际中，如果单独测定氢，应控制温度为 350～400℃，如果燃烧甲烷，则必须提高温度至 750℃ 左右。燃烧反应按下式进行：

$$H_2+CuO\longrightarrow H_2O+Cu$$
$$CO+CuO\longrightarrow CO_2+Cu$$
$$CH_4+4CuO\longrightarrow CO_2+2H_2O+4Cu$$

氧化铜被还原后，可以在 400℃ 的空气流中氧化、再生后，继续使用。氧化铜燃烧法的优点是不加入空气或氧气，减少一次体积测量，误差较小，计算也相应地简化。

任务 3 认识气体分析仪器

气体的化学分析法所使用的仪器，通常是奥氏气体分析仪。至于苏式 BTH 型气体分析仪，则主要用于精密的气体全分析或校对自动气体分析仪表。仪器的型号不同，其结构或形状也不同，但是基本原理却是一致的。

一、仪器的基本部件

气体分析仪器的主要部件一般包括量气管（见气体测量中的量气管）、水准瓶（见气体测量中用胶皮管与量气管相连接的部件）及吸收瓶（如图 3-6 所示）。

（1）吸收瓶 是供气体进行吸收作用的部件。吸收瓶有多种形状，但是，都由作用部分及承受部分两部分组成，每部分的体积都大于量气管，为 120～150mL。二者并列，底部连通或上下排列。也有作用部分插于承受部分之内的。作用部分经过旋塞梳形管和量气管相连；承受部分通大气。使用时，首先利用水准瓶及量气管将吸收瓶内的吸收剂吸至作用部分的顶端。当待吸收的气体由量气管进入吸收瓶时，则吸收剂由作用部分进入承受部分。当量气管吸回气体时，吸收剂又由承受部分流入作用部分。为了增大气体和吸收剂的接触面以提高吸收效率，作用部分中，装有许多支直立的玻璃管——接触式吸收瓶［见图 3-6（a）］。有的则使用一支几乎插至瓶底的气泡喷管，气体经过喷头被分散为小气泡，流过吸收剂上升至作用部分上部——气泡式吸收瓶［见图 3-6（b）］。前者适用于黏滞性吸收剂；后者则适用于非黏滞性吸收剂。

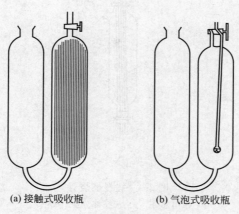

(a) 接触式吸收瓶　　　(b) 气泡式吸收瓶

图 3-6　吸收瓶

（2）梳形管　梳形管（如图 3-7 所示）是连接量气管、吸收瓶及燃烧管的部件。气体分析仪的旋塞，视不同用途，使用普通旋塞或三通旋塞，借助旋塞控制气体的流动路线。

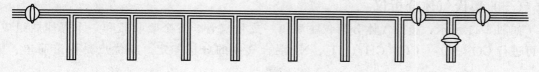

图 3-7　梳形管

（3）燃烧瓶　燃烧管是供气体进行燃烧反应的部件，因为燃烧的方法不同，燃烧管也各异。

① 爆炸燃烧管（又称爆炸瓶）　爆炸瓶通常是两支并列、底部连通厚壁优质玻璃管（见图 3-8），包括作用部分及承受部分，也有其他形状的。作用部分的上部接近顶端处，相向熔封有两支长约 20mm、直径 1mm、间隙约 1mm 的铂丝，作为电极。铂丝的外端接电源，经过感应圈，通入一万伏以上的高压电流，使铂丝电极间隙处产生火花，引起可燃性气体爆炸燃烧。作用部分的顶端为带旋塞的毛细管，用橡皮管和梳形管及量气管相连，承受部分通大气。

② 缓慢燃烧管（或缓燃管）　通常为上下排列的两支优质玻璃管（见图 3-9），上部为作用部分，下部为承受部分。由承受部分底部直至作用部分上部，贯穿一支玻璃管。玻璃管的上端口外熔封有一段螺旋状铂丝，管内为铜丝导线，通过变压器及滑动电阻接电源。通入 6V 的低压电流，使铂丝炽热，则可燃性气体缓慢燃烧。

③ 氧化铜燃烧管　通常为 U 形石英管（见图 3-10）。低温燃烧时，也可以用石英玻璃管。管的中部长约 10cm、直径约 6mm 的一段，填有棒状或粒状氧化铜。燃烧管用电炉加热，可燃性气体在管内往复通过，缓慢氧化燃烧。

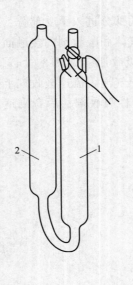

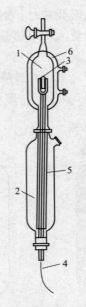

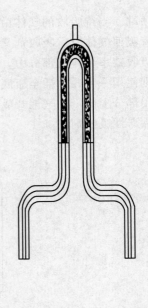

图 3-8　爆炸燃烧管　　　　　图 3-9　缓慢燃烧管　　　　　图 3-10　氧化铜燃烧管

1—作用部分；2—承受部分　　1—作用部分；2—承受部分；3—铂丝；

4—铜丝；5—玻璃管；6—水套管

二、气体分析仪器

(一) 奥氏气体分析仪

如图 3-11 所示，奥氏气体分析仪主要由一支量气管、五个吸收瓶和一个爆炸瓶组成。它可进行 CO_2、O_2、CO、CH_4、H_2、N_2 混合气体的分析测定。其优点是构造简单、轻

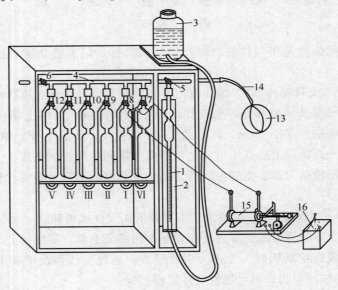

图 3-11　QF-100 型奥氏气体分析仪

1—量气管；2—恒温水套瓶；3—水准瓶；4—梳形管；5—三通旋塞；6~12—旋塞；13—取样器；

14—气体导入管；15—感应圈；16—蓄电池；Ⅰ~Ⅴ—吸收瓶；Ⅵ—爆炸瓶

便，操作容易，分析快速。缺点是精度不高，不能适应更复杂的混合气体分析。

（二）苏式 BTH 型气体分析仪

苏式 BTH 型气体分析仪如图 3-12 所示，是由一支双臂式量气管、7 个吸收瓶、1 个氧化铜燃烧管和 1 个缓慢燃烧管组成的。它可进行煤气全分析或更复杂的混合气体分析，仪器构造复杂、分析速度慢，但精度高、实用性广。

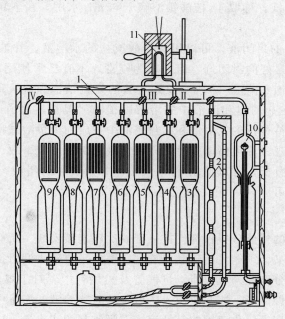

图 3-12　苏式 BTH 型气体分析仪

1—梳形管；2—量气管；3～9—吸收瓶；10—缓慢燃烧瓶；11—氧化铜燃烧管；Ⅰ～Ⅳ—旋塞

任务 4　半水煤气的测定原理和测定方法

半水煤气是合成氨的原料，它是由焦炭、水蒸气和空气等制成的。它的全分析项目有 CO_2、O_2、CO、CH_4、H_2、N_2 等，可以利用化学分析法，也可利用气相色谱法来进行分析。当用化学分析法时，CO_2、O_2、CO 可用吸收法来测定，CH_4 和 H_2 可用燃烧法来测定，剩余气体为 N_2。它们的含量一般为：CO_2，7%～11%；O_2，0.5%；CO，26%～32%；H_2，38%～42%；CH_4，1%；N_2，18%～22%。测定半水煤气各成分的含量，可作为合成氨造气工段调节水蒸气和空气比例的根据。

一、化学分析法

煤气或半水煤气的化学分析，一般都是综合应用吸收法和燃烧法，在奥氏气体分析仪中进行。其中 CO_2、O_2、CO、C_nH_m 等用吸收法测定，CH_4、H_2 用燃烧法测定，不被吸收、不能燃烧的部分，则视为 N_2。吸收法与燃烧法的原理前面已讲过。

（一）仪器

奥氏气体分析仪。

（二）试剂

1. 氢氧化钾溶液：33%。1 质量份的氢氧化钾溶解于 2 质量份的蒸馏水中。

2. 焦性没食子酸的碱性溶液：称取 5g 焦性没食子酸，溶解于 15mL 水中。另称取 40g 氢氧化钾溶解于 32mL 水中。临使用时混合两种溶液于吸收瓶中。

3. 氯化亚铜的氨性溶液：称取 250g 氯化铵溶解于 750mL 水中，加 200g 氯化亚铜，溶解后，迅速转移至预先装有铜丝的试剂瓶中至几乎充满。用橡胶塞塞紧（溶液应无色）。临使用前，加入密度为 0.9g/mL 的氨水，其量是 2 体积的氨水与 1 体积的亚铜盐混合。

4. 硫酸银的硫酸溶液：称取 4g 硫酸银溶解于 65mL 水中，在不断搅拌下，缓缓加入浓硫酸 400mL。

5. 封闭液：量气管的封闭液，可以用水、酸或盐的水溶液、甘油或汞。封闭液不得吸收被测定的气体。汞是最好的封闭剂，但是因为剧毒，不宜经常使用，使用时应注意安全。一般分析可以使用盐的饱和溶液（例如含 1% 盐酸的氯化钠饱和溶液；含 2% 硫酸的硫酸钠饱和溶液）。尽管气体在盐的饱和溶液中的溶解度很小。但是，为了进一步阻止气体溶解，在使用之前，仍必须用待分析的气体饱和。封闭液中还应加少量酸碱指示剂（例如甲基红），使溶液呈红色，以便于观察并可借以及时发现碱性吸收剂的倒流事故。

煤气或半水煤气的分析，可以使用 10% 硫酸作为量气管封闭液。爆炸管的封闭液，则用二氧化碳饱和的水即可。

（三）准备工作

将洗涤清洁并干燥的气体分析仪部件按一定的次序连接安装。所有的旋塞都必须涂抹润滑剂，使其不漏气但是又必须能灵活转动，旋塞孔道中不得落入润滑剂。

将吸收剂及封闭液分别注入吸收瓶、量气管及燃烧管中。对于煤气或半水煤气的分析，吸收瓶Ⅰ中注入氢氧化钾溶液、瓶Ⅱ中注入硫酸银的硫酸溶液、瓶Ⅲ中注入焦性没食子酸的碱性溶液、瓶Ⅳ及Ⅴ中注入氯化亚铜的氨性溶液。吸收剂的注入量，应稍大于吸收瓶总容积的 1/2。向吸收瓶的承受部分中注入 5~8mL 液体石蜡，以隔绝空气。在水准瓶中注入封闭液。

旋转旋塞 5 及 6，使量气管通大气。提高水准瓶，排除量气管内的空气，直至管内封闭液的液面升至顶端标线。关闭旋塞 6，旋开旋塞 7，降低水准瓶吸出爆炸管Ⅵ内的空气，直至爆炸管内封闭液面升至顶端标线。再旋开旋塞 6，关闭旋塞 7，提高水准瓶，排除量气管内的空气，关闭旋塞 6。用同样方法排出吸收管Ⅰ~Ⅴ中的空气。最后，使封闭液升至量气管顶端标线，关闭旋塞 6。置水准瓶于仪器底板上。如果这时量气管内的液面只是稍微下降后即不再移动；爆炸管及各吸收瓶内液面也不下降，表明仪器不漏气。反之，如果液面不断下降，表明仪器漏气，应仔细检查。在仪器完好的情况下，一般漏气事故，往往是由于旋塞或橡皮管连接处不够严密所致。查明后，重新涂摊润滑剂或连接，即可以进行空气排除。

（四）测定过程

1. 取样

调整量气管、爆炸瓶、吸收瓶内的液面恰恰在顶端标线处。将气体导入管接取样器，转动旋塞 5，使量气管接取样器。降低水准瓶，吸约 20mL 样品入量气管。转动旋塞 5，使量气管接梳形管，旋开旋塞 6。提高水准瓶，排气体入大气。用同样方法吸入样品，再排入大气 2~3 次，则可以认为梳形管中的气体组成已经和样品一致。关闭旋塞 6，转动旋塞 5，再使量气管接取样器。降低水准瓶，吸样品入量气管中至封闭液面降至"100"刻度以下约 5mL 处。转动旋塞 5，使量气管通梳形管。旋开旋塞 6，移水准瓶和量气管并列，并使水准瓶内液面和量气管内液面在同一水平。小心缓缓提高水准瓶，排出多余气体，使量气管内液面恰恰在"100"刻度处，关闭旋塞6。测定恒温水套温度及大气压力。

2. 测定

（1）吸收法测定　旋开旋塞8，提高水准瓶，排气体入氢氧化钾溶液吸收瓶Ⅰ中，吸收二氧化碳，直至量气管内液面升至顶端标线。再降低水准瓶吸气体回量气管，如此反复排出、吸回3～4次，最后一次，当吸收瓶内吸收剂液面升至顶端标线时，关闭旋塞8。移水准瓶和量气管并列，上下移动2～3次后，使液面在同一水平。等待1min，读取量气管刻度（反复吸收3～4次，一般都能吸收完全。但是，有时为了检查是否吸收完全，可以再旋开旋塞8，排气体入吸收瓶作一次检查性吸收。如果两次体积读数之差小于0.1mL，则认为吸收完全）。按上述同样操作，依次吸收不饱和烃、氧气、一氧化碳。吸收一氧化碳后，应将气体送入硫酸银的硫酸溶液吸收瓶Ⅱ中，反复2～3次除去氨气后，再读取量气管读数。

（2）燃烧法测定　旋开旋塞9，缓缓提高水准瓶，排气体入吸收瓶Ⅱ中贮存，至量气管中准确残留气体恰为25.0mL时，关闭旋塞9。转动旋塞5，使量气管接旋塞5背面的硅胶、碱石灰干燥管（图5-12中未绘出）通大气，小心缓缓降低水准瓶，吸入干燥并除去二氧化碳的空气恰恰75.0mL（总体积恰恰为100mL）。转动旋塞5，使量气管接梳形管。旋开旋塞7，提高水准瓶，排混合气体入爆炸瓶至量气管内液面升至顶端标线，关闭并用手指按紧旋塞7，掀动点火器开关，则铂丝间隙产生火花，混合气体爆炸燃烧。旋开旋塞7，降低水准瓶吸爆炸燃烧后的气体回量气管至爆炸瓶内封闭液面升至顶端标线，关闭旋塞7，测量气体体积。然后，再排入吸收瓶Ⅰ中，吸收生成的二氧化碳，再测量残余气体体积。

测定工作全部结束后，拆下取样器，旋开旋塞6，排除量气管及吸收瓶Ⅰ内残余气体至封闭液面升至顶端标线。关闭旋塞5，置水准瓶于仪器底板凹槽内，备下次分析使用。仪器暂停使用过程中，应经常转动碱性吸收剂的吸收管旋塞，以免被碱腐蚀而粘连。如果长期不再使用，则应将所有液体排出，充分洗涤各部件，旋塞用薄纸包裹后，塞入旋塞孔中，置仪器于安全地点，妥善保管。

测定过程中，排出或吸入气体时，应缓缓升、降水准瓶。不准过快或过高过低。升、降水准瓶时，应注意观察上升液面而不必观察下降液面。绝对不容许吸收剂或封闭液越过标线进入梳形管中。转动旋塞不得用力过猛，以防扭断玻璃管。

爆炸燃烧时，如果不产生火花可能是由于铂丝上沾有油污，应清洗。也可能是由于铂丝间隙不合要求或电路不通，应检查、调整。爆炸瓶外，最好能用铁丝网或透明塑胶片包裹，以保安全。

（五）计算

如果在测定过程中，温度或气压改变，应利用气体方程式将气体体积首先计算为和样品同样条件下的体积，由测量或校正后的气体体积，按下列各式计算气体中各组分的含量。但在通常情况下，一般温度和压力是不会改变（在室温常压下）的，故可省去换算工作，直接用测得的结果（体积）来计算出各组分的含量。

（1）吸收部分

$$\varphi(CO_2) = \frac{V_1}{V_0} \times 100\%$$

$$\varphi(C_nH_m) = \frac{V_2}{V_0} \times 100\%$$

$$\varphi(O_2) = \frac{V_3}{V_0} \times 100\%$$

$$\varphi(CO) = \frac{V_4}{V_0} \times 100\%$$

式中　　V_0——采取试样的体积，mL；

$\qquad V_1$——试样中含 CO_2（用 KOH 溶液吸收前后气体体积之差）的体积，mL；

$\qquad V_2$——试样中含 C_nH_m（用硫酸银溶液吸收前后气体体积之差）的体积，mL；

$\qquad V_3$——试样中含 O_2（用焦性没食子酸的碱性溶液吸收前后气体体积之差）的体积，mL；

$\qquad V_4$——试样中含 CO（用氯化亚铜的氨性溶液吸收前后气体体积之差）的体积，mL。

（2）燃烧部分　可根据所测得的数据进行相关的计算。在所取的 25.00mL 样品中氢气和甲烷体积的计算为：

$$V_生(CO_2) = V(CH_4) = a$$

$$V_缩 = \frac{3}{2}V(H_2) + 2V(CH_4) = b$$

解得：　　　　　　　　$$V(CH_4) = a$$

$$V(H_2) = \frac{2}{3}(b - 2a)$$

换算至 V_4 体积中的氢气和甲烷的体积：

$$V'(CH_4) = \frac{V_4}{25.0}a$$

$$V'(H_2) = \frac{V_4}{25.0} \times \frac{2}{3}(b - 2a)$$

则：　　　　　　　　　$$\varphi(CH_4) = \frac{V'(CH_4)}{V_0} \times 100\%$$

$$\varphi(H_2) = \frac{V'(H_2)}{V_0} \times 100\%$$

二、气相色谱分析法

随着分析仪器的不断普及，用气相色谱法测定混合气体中组分含量的方法已广泛应用于工业生产中，此方法具有操作简便、快速的优点。

（一）测定原理

对于水煤气或半水煤气这类含 CO_2、O_2、CO、CH_4、H_2、N_2 的混合气体，在气相色谱分析法中，一般是使用分子筛（如 5A 或 13X 分子筛）分离。

1. O_2、CO、CH_4、N_2 的测定

其依据是在常温下，以 H_2 作载气携带气样流经分子筛色谱柱。由于分子筛对 O_2、N_2、CH_4、CO 等气体的吸附力不同，按吸附力由小到大的顺序分别流出色谱柱，然后进入检测器，则各组分的量分别转变为相应的电信号，并在记录纸上绘出 O_2、N_2、CH_4、CO 四个色谱图，由四个色谱图的峰高或峰面积计算出四种组分的含量。

分子筛对 CO_2 的吸附力很强，在低温下不能解吸，CO_2 滞留于分子筛柱内，所以得不到 CO_2 的色谱图，而且随着 CO_2 在分子筛上的积累，以致分子筛逐渐失去对 O_2、

N_2、CH_4、CO 等的吸附能力。因此，为了排除 CO_2 对分子筛活力的影响，常使用一支碱石灰管吸收阻留 CO_2，使与其他组分事先分离。其余气体，再经分子筛柱分离后进入检测器。

2. CO_2 的测定

CO_2 的色谱测定是利用硅胶在常温下对 CO_2 有足够的吸附力，而对其他组分则基本没有吸附作用。所以，当气样流经硅胶色谱柱、进入检测器时，首先产生一个 O_2、N_2、CH_4、CO 混合气体的色谱图，此图无定量意义。然后，出现 CO_2 色谱图，从而计算 CO_2 的含量。

3. H_2 的测定

当以 H_2 作为载气时，气样中的 H_2 组分在热导池内不能引起载气热导率的改变，不能产生信号。因此，得不到 H_2 组分的色谱图。但是气样组分是已知的，所以，当测定了其他五种组分后，则 H_2 的含量可以由差减法计算。

（二）测定流程

煤气或半水煤气的色谱分析流程线路，因为色谱仪的结构不同会有不同。一般有两种常用的流程线路，即串联流程和并联流程。

1. 串联流程

串联流程如图 3-13 所示。载气携带气样经过硅胶色谱柱后，进入检测器 4，得混合峰和 CO_2 峰。然后，再经过碱石灰管截留 CO_2，其余 O_2、N_2、CH_4、CO 混合气体继续经分子筛色谱柱分离后，再进入检测器 7，分别获得 O_2、N_2、CH_4、CO 的色谱峰。

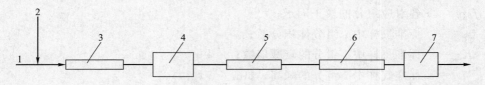

图 3-13　串联流程示意

1—载气；2—气样；3—硅胶色谱柱；4—检测器；5—碱石灰管；6—分子筛色谱柱；7—检测器

2. 并联流程

并联流程如图 3-14 所示，载气携带气样通过三通 3，分成两路，以固定而稳定的流速，一路进入硅胶色谱柱 4；另一路经过碱石灰管 5 进入分子筛色谱柱 6。被两柱分别分离后的组分再经三通 7 汇合，进入检测器。分离后的组分流出顺序为总峰、CO_2、O_2、N_2、CH_4、CO。

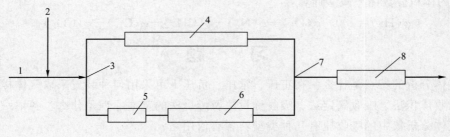

图 3-14　并联流程示意

1—载气；2—气样；3,7—三通；4—硅胶色谱柱；5—碱石灰管；6—分子筛色谱柱；8—检测器

（三）测定条件

色谱分析的工作条件，主要决定于分离效果和检测器的性能。分离效果是否良好，又主要决定于固定相的性能、色谱柱的长短、柱的温度及载气流速等因素。热导检测器的性能，主要表现为测定的灵敏度和稳定性。灵敏度可以借改变电流强度，加以适当调节。在煤气分析中，一般选用下述色谱条件。

1. 13X 分子筛柱：柱长 3m、内径 3mm、内装 60 目 13X 分子筛，在 500℃ 活化 3h。
2. 硅胶柱：柱长 0.95m、内径 2mm、内装 60 目色谱硅胶，在 200℃ 活化 3h。
3. 电流：200mA。
4. 柱温：58℃。
5. 载气：氢气，流速 60mL/min。
6. 进样量：1mL。

（四）测定过程

首先开启载气钢瓶阀门，通入载气，检查仪器是否严密。若漏气，应采取适当措施处理。然后，调节载气流速为 60mL/min。开启升温电源，调节柱温至 58℃，恒温。开启热导检测器电源，调节电流为 200 mA，开启记录仪，调整信号衰减及记录纸走速为一定值。

待基线稳定后，用注射器吸取标准气样 1.00mL 注入仪器中，获得各组分的色谱图，由下式计算各对应组分的校正因子。

$$f_{i(h)} = \frac{\varphi_{i0}}{K_{i0} \times h_{i0}}$$

式中　$f_{i(h)}$——各对应组分的校正因子；

　　　φ_{i0}——标准气样中 i 组分体积分数；

　　　K_{i0}——标准气样中 i 组分的衰减倍数；

　　　h_{i0}——标准气样中 i 组分的峰高，mm。

然后，用注射器吸入气样 1.00mL，注入仪器中，获得各组分的色谱峰。由下式计算各组分的含量。

$$\varphi_i = K_i f_{i(h)} h_i$$

式中　φ_i——气样中 i 组分的体积分数；

　　　K_i——气样中 i 组分的衰减倍数；

　　　$f_{i(h)}$——各对应组分的校正因子；

　　　h_i——气样中各组分的峰增高，mm。

氢气的体积分数由差减法计算：

$$\varphi(H_2) = 100 - \varphi(O_2) - \varphi(N_2) - \varphi(CH_4) - \varphi(CO) - \varphi(CO_2)$$

习　　题

1. 气体分析的特点是什么？在正压、常压、负压下可采用何种装置采取气体样品？
2. 吸收体积法、吸收滴定法、吸收称量法及燃烧法的基本原理是什么？各举一例说明。
3. 气体分析仪中的吸收瓶有几种类型？各有何用途？
4. 气体分析仪中的燃烧装置有几种类型？各有何用途？
5. 如果气体试样中含有 CO_2、O_2、C_nH_{2n}、CO 四种组分，应选用哪些吸收剂，如何安排吸收顺序？

6. 怎样检查改良奥氏气体分析仪的气密性？

7. 含有 CO_2、O_2 及 CO 的混合气体 75mL，依次用 KOH 溶液、焦性没食子酸的碱性溶液、氯化亚铜的氨性溶液吸收后，气体体积依次减少至 70mL、63mL 和 60mL，求各组分在原气体中的体积分数。

8. 24mL CH_4 在过量的氧气中燃烧，体积的缩减是多少？生成的 CO_2 是多少？

9. 从生产现场取含 CO、H_2 的空气混合气体 20.0mL，加空气 80.0mL 燃烧后体积减少了 0.5mL，生成 CO_2 0.2mL，求可燃气体中各组分的体积分数。

10. 取含有 CO_2、O_2、CO、CH_4、H_2、N_2 的混合气体 100.0mL，依次吸收了 CO_2、O_2、CO 后气体体积分别为 91.2mL、84.6mL、71.3mL。为了测定 CH_4 和 H_2，取 18.0mL 残气，添加 62.0mL（过量）空气进行爆炸燃烧之后，混合气体体积缩减了 9.0mL，生成 CO_2 3.0mL，求混合气体中各组分的体积分数。

学习情境四

煤质分析

自然界有三大能源：天然气、石油和煤。其中的煤不仅是重要的固体燃料，而且还是冶金工业和化学工业等的重要原料。

一、煤的组成及各组分的重要性质

煤是自然矿物，由可燃和不可燃物两部分组成。可燃物主要是有机质，部分矿物质（例如：硫化矿物中的硫）也可以燃烧。不可燃物包括水及大部分矿物质。煤中的有机质主要由碳、氢、氧、氮、硫等元素组成，其中碳和氢占有机质的95%以上。矿物质主要是碱金属、碱土金属、铁、铝等碳酸盐、硅酸盐、硫酸盐、磷酸盐及硫化物。煤中几乎含有组成地壳的所有元素。煤在燃烧时产生热量。其中以有机物中碳和氢发出的热量最大。氧和氮在燃烧时不放热，称为惰性成分。硫在燃烧时虽然放热，但在燃烧过程中生成二氧化硫，对金属有腐蚀作用，进入大气对其周围的植物危害大，而且污染空气。煤中所含的水分不仅不能燃烧，而且在燃烧时水分因汽化而消耗热量。矿物质不能燃烧，当煤燃烧完全后成为灰分。

二、煤的分析方法分类

煤质的分析方法有两种：一类是元素分析，元素分析是测定煤所固有的成分——有机物、无机物的元素成分，如碳、氢、氧、氮、硫、铝、铁等以及煤所固有的性质，例如，煤的密度等。元素分析结果是对煤进行科学分类的主要依据。此类分析手续复杂，多用于研究工作中。

另一类是工业分析（也称为技术分析或实用分析），一般的工矿企业中都采用工业分析。煤的工业分析，是评价煤质的基本依据。在国家标准中，煤的工业分析包括煤的水分、灰分、挥发分和固定碳等指标的测定。通常煤的水分、灰分、挥发分是直接测出的，而固定碳是用差减法计算出来的。广义上讲，煤的工业分析还包括煤的全硫分和发热量的测定，又叫煤的全工业分析。煤的工业分析是人为规定条件下测定经转化生成的物质，这些物质的产率是随加热的温度、加热时间及通风条件的改变而改变的，因此，这类分析方法都规定有统一的实验条件。在实际工作中必须严格地遵守实验条件，才能得出可以互相对比的分析结果。工业分析虽然不足以全面说明煤的质量，但是已经可以确定煤的工业价值，满足工业的需要。它主要用于煤的生产或使用部门，从而满足工业生产的需要。

任务 1　煤中水分测定

通过煤的工业分析结果，大致了解煤中有机质和无机质的含量及性质后，即可初步判断煤的种类和各种煤的加工利用效果及其工业用途。

煤的水分，是煤炭计价中的一个辅助指标。煤的水分直接影响煤的使用、运输和储存。煤的水分增加，煤中有用成分相对减少，且水分在燃烧时变成蒸汽要吸热，因而降低了煤的发热量。煤的水分增加，还增加了无效运输，并给卸车带来了困难。特点是冬季寒冷地区，经常发生冻车，影响卸车，影响生产，影响车皮周转，加剧了运输的紧张。煤的水分也容易引起煤炭黏仓而减小煤仓容量，甚至发生堵仓事故。随着矿井开采深度的增加，采掘机械化的发展和井下安全生产的加强，以及喷露洒水、煤层注水、综合防尘等措施的实施，原煤水分呈增加的趋势。为此，煤矿除在开采设计上和开采过程中的采煤、掘进、通风和运输等各个环节上制定减少煤的水分的措施外，还应在煤的地面加工中采取措施减少煤的水分。

一、煤中水分的分类

煤中水分按存在形态的不同分为两类，即游离水和化合水。游离水是以物理状态吸附在煤颗粒内部毛细管中和附着在煤颗粒表面的水分；化合水也叫结晶水，是以化合的方式同煤中矿物质结合的水。如硫酸钙（$Na_2SO_4 \cdot 2H_2O$）和高龄土（$Al_2O_3 \cdot 2SiO_2 \cdot 2H_2O$）中的结晶水。游离水在105～110℃的温度下经过1～2h可蒸发掉，而结晶水通常要在200℃以上才能分解析出。煤的工业分析中只测试游离水，不测结晶水。

煤的游离水分又分为外在水分和内在水分。

外在水分（free moisture，surface moisture）——是附着在煤颗粒表面的水分。外在水分很容易在常温下的干燥空气中蒸发，蒸发到煤颗粒表面的水蒸气压与空气的湿度平衡时就不再蒸发了。

内在水分（moisture in the air dried sample，moisture in the analysis sample）——是吸附在煤颗粒内部毛细孔中的水分。内在水分需在100℃以上的温度经过一定时间才能蒸发。

最高内在水分（moisture holding capacity）——当煤颗粒内部毛细孔内吸附的水分达到饱和状态时，这时煤的内在水分达到最高值，称为最高内在水分。最高内在水分与煤的孔隙度有关，而煤的孔隙度又与煤的煤化程度有关，所以，最高内在水分含量在相当程度上能表征煤的煤化程度，尤其能更好地区分低煤化度煤。如年轻褐煤的最高内在水分多在25％以上，少数的如云南弥勒褐煤最高内在水分达31％。最高内在水分小于2％的烟煤，几乎都是强黏性和高发热量的肥煤和主焦煤。无烟煤的最高内在水分比烟煤有所下降，因为无烟煤的孔隙度比烟煤增加了。

煤的全水分（total moisture）——是指煤中全部的游离水分，即煤中外在水分和内在水分之和。必须指出的是，化验室里测试煤的全水分时所测的煤的外在水分和内在水分，与上面讲的煤中不同结构状态下的外在水分和内在水分是完全不同的。化验室里所测的外在水分是指煤样在空气中并同空气湿度达到平衡时失去的水分（这时吸附在煤毛细孔中的内在水分也会相应失去一部分，其数量随当时空气湿度的降低和温度的升高而增大），这时残留在煤中的水分为内在水分。显然，化验室测试的外在水分和内在水分，除与煤中不同结构状态下的外在水分和内在水分有关外，还与测试时空气的湿度和温度有关。煤中水分含量变化很大并与煤的碳化程度有关，碳化程度越高，其水分含量越少。水分含量的多少直接影响到煤的发热量。

二、煤中水分的测定——通氮干燥法

1. 方法概要

称取一定量的空气干燥煤样，置于105～110℃干燥箱中，在干燥氮气流中干燥到质量恒定。然后根据煤样的质量损失计算出水分的质量分数。

2. 仪器和试剂

① 氮气：纯度99.9%，含氧量少于0.01%。

② 无水氯化钙：化学纯，粒状。

③ 变色硅胶。

④ 小空间干燥箱：箱体严密，具有较小的自由空间，有气体进、出口，并带有自动控温装置，能保持温度在105～110℃范围内。

⑤ 玻璃称量瓶：直径40mm，高25mm，并带有严密的磨口盖。

⑥ 干燥器：内装变色硅胶。

⑦ 干燥塔：容量250mL，内装干燥剂。

⑧ 流量计：量程为100～1000mL/min。

⑨ 分析天平：感量0.1mg。

3. 分析步骤

在预先干燥和已称量过的称量瓶中称取粒度小于0.2mm的空气干燥煤样1g，称准至0.0002g，平摊在称量瓶中。打开称量瓶盖，放入预先通入干燥氮气并已加热到105～110℃的干燥箱中。烟煤干燥1.5h，褐煤和无烟煤干燥2h。从干燥箱中取出称量瓶，立即盖上盖，放入干燥器中冷却至室温（约20min）后称量。进行检查性干燥，每次30min，直到连续两次干燥煤样质量的减少不超过0.0010g或质量增加时为止。在后一种情况下，采用质量增加前一次的质量为计算依据。水分在2.00%以下时，不必进行检查性干燥。

4. 结果的计算

空气干燥煤样的水分M_{ad}：

$$M_{ad} = \frac{m_1}{m_2} \times 100\%$$

式中　　M_{ad}——空气干燥煤样的水分，%；

m_1——煤样干燥后失去的质量，g；

m_2——称取的空气干燥煤样的质量，g。

任务2　煤中灰分测定

煤的灰分是指煤完全燃烧后剩下的残渣。因为这个残渣是煤中可燃物完全燃烧，煤中矿物质（除水分外所有的无机质）在煤完全燃烧过程中经过一系列分解、化合反应后的产物，所以确切地说，灰分应称为灰分产率。

煤中灰分是煤炭的计价指标之一。在灰分计价中，灰分是计价的基础指标；在发热量计价中，灰分是计价的辅助指标。

灰分是煤中的有害物质，同样影响煤的使用、运输和储存。

煤用作动力燃料时，灰分增加，煤中可燃物质含量相对减少。矿物质燃烧灰化时要吸收热量，大量排渣要带走热量，因而降低了煤的发热量，影响了锅炉操作（如易结渣、熄火），加剧了设备磨损，增加排渣量。煤用于炼焦时，灰分增加，焦炭灰分也随之增加，从而降低了高炉的利用系数。还必须指出的是，煤中灰分增加，增加了无效运输，加剧了我国铁路运输的紧张。

一、缓慢灰化法

1. 方法概要

称取一定量的空气干燥煤样，放入马弗炉中，以一定的速度加热到 (815 ± 10)℃，灰化并灼烧到质量恒定。以残留物的质量占煤样质量的百分数作为煤样的灰分。

2. 仪器和试剂

① 马弗炉。

② 灰皿：瓷质，长方形，底长 45mm，底宽 22mm，高 14mm。

3. 分析步骤

在预先灼烧至质量恒定的灰皿中，称取粒度小于 0.2mm 的空气干燥煤样 1g，称准至 0.0002g，均匀地摊平在灰皿中，使其每平方厘米的质量不超过 0.15g。将灰皿送入炉温不超过 100℃的马弗炉恒温区，关上炉门并使炉门留有 15mm 左右的缝隙。在不少于 30min 的时间内将炉温缓慢地升至 500℃，并在此温度下保持 30min。继续升温到 (815 ± 10)℃，并在此温度下灼烧 1h。从炉中取出灰皿，放在耐热瓷板或石棉网上，在空气中冷却 5min 左右，移入干燥器中冷却至室温后称量。进行检查性灼烧，每次 20min，直到连续两次灼烧后的质量变化不超过 0.0010g 为止。以最后一次灼烧的质量为计算依据。灰分低于 15%时，不必进行检查性灼烧。

二、快速灰化法

1. 方法 A

（1）方法概要 将装有煤样的灰皿放在预先加热至 (815 ± 10)℃的灰分快速测定仪的传送带上，煤样自动送入仪器内完全灰化，然后送出。以残留物的质量占煤样质量的百分数为煤样的灰分。

（2）分析步骤 将快速灰分测定仪预先加热到 (815 ± 10)℃。开动传送带并将其传送速度调节到 17mm/min 左右或其他合适的速度。在预先灼烧至质量恒定的灰皿中，称取粒度小于 0.2mm 的空气干燥煤样 0.5g，称准至 0.0002g，均匀地摊平在灰皿中，使其每平方厘米的质量不超过 0.08g。将盛有煤样的灰皿放在快速灰分测定仪的传送带上，灰皿即自动送入炉中。当灰皿从炉内送出时，取下，放在耐热的瓷板上，在空气中冷却 5min 左右，移入干燥器中冷却至室温后称量。

2. 方法 B

（1）方法概要 将装有煤样的灰皿由炉外逐渐送入预先加热至 (815 ± 10)℃的马弗炉中灰化至质量恒定。以残留物的质量占煤样质量的百分数作为煤样的灰分。

（2）分析步骤 在预先灼烧至质量恒定的灰皿中，称取粒度小于 0.2mm 的空气干燥煤样 1g，称准至 0.0002g，均匀地摊平在灰皿中，将盛有煤样的灰皿预先分排放在耐热瓷板上。将马弗炉加热到 (815 ± 10)℃，打开炉门，将放有灰皿的耐热瓷板缓慢地推入马弗炉中，先使第一排灰皿中的煤样灰化，待 5～10min 煤样不再冒烟时，以每分钟不大于 2cm 的速度把其余各排灰皿顺序推入炉内炽热部分（若煤样着火发生爆炸，实验应作废）。关上炉门，在（815±10）℃下灼烧 40min。从炉中取出灰皿，放在空气中冷却 5min，移入干燥器中冷却至室温后，称量。进行检查性灼烧，每次 20min，直到连续两次灼烧后的质量变化不超过 0.0010g 为止。以最后一次灼烧后的质量为计算依据。

三、结果计算

空气干燥煤样的灰分 A_{ad}：

$$A_{ad} = \frac{m_1}{m} \times 100\%$$

式中　A_{ad}——空气干燥煤样的灰分，%；
　　　m——称取的空气干燥煤样的质量，g；
　　　m_1——灼烧后残留物的质量，g。

任务 3　煤中挥发分的测定

煤的挥发分是煤在一定温度下隔绝空气加热，逸出物质（气体或液体）中减掉水分后的含量。剩下的残渣叫做焦渣。因为挥发分不是煤中固有的，而是在特定温度下热解的产物，所以确切地说应称为挥发分产率。煤的挥发分不仅是炼焦、气化要考虑的一个指标，也是动力用煤的一个重要指标，是动力煤按发热量计价的一个辅助指标。

挥发分是煤分类的重要指标。煤的挥发分反映了煤的变质程度，挥发分由大到小，煤的变质程度由小到大。如泥炭的挥发分高达 70%，褐煤一般为 40%～60%，烟煤一般为 10%～50%，高变质的无烟煤则小于 10%。煤的挥发分和煤岩组成有关，角质类的挥发分最高，镜煤、亮煤次之，丝碳最低。所以世界各国和我国都以煤的挥发分作为煤分类的最重要的指标。

一、方法概要

称取一定量的空气干燥煤样，放在带盖的瓷坩埚中，在（900±10）℃下，隔绝空气加热 7min，以减少的质量占煤样质量的百分数，减去该煤样的水分含量作为煤样的挥发分。

二、仪器和试剂

挥发分坩埚：带有配合严密盖的瓷坩埚；马弗炉；干燥器；分析天平；压饼机：螺旋式或杠杆式压饼机，能压制直径约为 10mm 的煤饼。

三、分析步骤

在预先于 900℃下灼烧至质量恒定的带盖瓷坩埚中，称取粒度小于 0.2mm 的空气干燥煤样 1g，称准至 0.0002g，然后轻轻振动坩埚，使煤样摊平，盖上盖，放在坩埚架上。褐煤和长焰煤应先压饼，并切成 3mm 的小块。将马弗炉预先加热至 920℃左右。打开炉门，迅速将放有坩埚的架子送入恒温区，立即关上炉门并计时，准确加热 7min。坩埚及架子放入后，要求炉温在 3min 内恢复至（900±10）℃，否则此次实验作废。加热时间包括温度恢复时间在内。从炉中取出坩埚，放在空气中冷却 5min 左右，移入干燥器中冷却至室温后称量。

四、结果计算

空气干燥煤样的挥发分 V_{ad}：

$$V_{ad} = \frac{m_1}{m} \times 100\% - M_{ad}$$

式中　V_{ad}——空气干燥煤样的挥发分，%；

　　　　m——空气干燥煤样的质量，g；

　　　　M_{ad}——空气干燥煤样的水分，%。

任务 4　煤的固定碳含量的计算

煤的固定碳（fixed carbon）——煤中去掉水分、灰分、挥发分，剩下的就是固定碳。煤的固定碳与挥发分一样，也是表征煤的变质程度的一个指标，随变质程度的增高而增高。所以一些国家以固定碳作为煤分类的一个指标。

固定碳是煤的发热量的重要来源，所以有的国家以固定碳作为煤发热量计算的主要参数。固定碳也是合成氨用煤的一个重要指标。

固定碳计算公式：

$$FC_{ad} = 100 - (M_{ad} + A_{ad} + V_{ad})$$

当分析煤样中碳酸盐 CO_2 含量为 2%～12% 时：

$$FC_{ad} = 100 - (M_{ad} - A_{ad} + V_{ad}) - CO_{2,ad}(煤)$$

当分析煤样中碳酸盐 CO_2 含量大于 12% 时：

$$FC_{ad} = 100 - (M_{ad} + A_{ad} + V_{ad}) - [CO_{2,ad}(煤) - CO_{2,ad}(焦渣)]$$

式中　　　FC_{ad}——分析煤样的固定碳，%；

　　　　　M_{ad}——分析煤样的水分，%；

　　　　　A_{ad}——分析煤样的灰分，%；

　　　　　V_{ad}——分析煤样的挥发分，%；

　　$CO_{2,ad}$（煤）——分析煤样中碳酸盐 CO_2 的含量，%；

　$CO_{2,ad}$（焦渣）——焦渣中 CO_2 占煤中的含量，%。

任务 5　煤中全硫的测定

煤中硫，按其存在的形态分为有机硫和无机硫两种。有的煤中还有少量的单质硫。

煤中的有机硫，是以有机物的形态存在的硫，其结构复杂，至今了解的还不够充分，大体有以下官能团：硫醇类，R—SH（—SH，为巯基）；噻吩类，如噻吩、苯并噻吩、硫醌类，如对硫醌、硫醚类，R—S—R′；硫蒽类等。

煤中无机硫，是以无机物形态存在于煤中的硫。无机硫又分为硫化物硫和硫酸盐硫。硫化物硫绝大部分是黄铁矿硫，少部分为白铁矿硫，两者是同质多晶体。还有少量的 ZnS、PbS 等。硫酸盐硫主要存在于 $CaSO_4$ 中。

煤中硫，按其在空气中能否燃烧又分为可燃硫和不可燃硫。有机硫、硫铁矿硫和单质硫都能在空气中燃烧，都是可燃硫。硫酸盐硫不能在空气中燃烧，是不可燃硫。

煤燃烧后留在灰渣中的硫（以硫酸盐硫为主），或焦化后留在焦炭中的硫（以有机硫、硫化钙和硫化亚铁等为主），称为固体硫。煤燃烧逸出的硫，或煤焦化随煤气和焦油析出的硫，称为挥发硫［以硫化氢和硫氧化碳（COS）等为主］。煤的固定硫和挥发硫不是不变的，而是随燃烧或焦化温度、升温速度和矿物质组分的性质和数量等而变化的。

煤中各种形态的硫的总和称为煤的全硫（S_t）。煤的全硫通常包含煤的硫酸盐硫（S_s）、硫铁矿硫（S_p）和有机硫（S_o）。

$$S_t = S_s + S_p + S_o$$

如果煤中有单质流，全硫中还应包含单质硫。

硫是煤中有害物质之一。煤作为燃料在燃烧时生成 SO_2、SO_3，不仅腐蚀设备，而且污染空气，甚至降酸雨，严重危及植物生长和人的健康。煤用于合成氨制半水煤气时，由于煤气中硫化氢等气体较多不易脱净，易毒化合成催化剂而影响生产。煤用于炼焦，煤中硫会进入焦炭，使钢铁变脆。钢铁中硫含量大于 0.07% 时就成了废品。为了减少钢铁中的硫，在高炉炼铁时加石灰石，这就降低了高炉的有效容积，而且还增加了排渣量。煤在储运中，煤中硫化铁等含量多时，会因氧化、升温而自燃。

我国煤田硫的含量不一。东北、华北等煤田硫含量较低，山东枣庄小槽煤、内蒙古乌大、山西汾西、陕西铜川等煤矿硫含量较高，贵州、四川等煤矿硫含量更高。四川有的煤矿硫含量高达 4%～6% 以上，洗选后降到 2% 都困难。

脱去煤中的硫，是煤炭利用的一个重要课题。在这方面美国等西方国家对洁净煤的研究取得很大进展。他们首先是发展煤的洗选加工（原煤入洗比重占 0～80% 以上，我国不足 20%），通过洗选降低了煤中的灰分，除去煤中的无机硫（有机硫靠洗选是除不去的）；其次是在煤的燃烧中脱硫和烟道气中脱硫，这无疑增加了用煤成本。我们也在开展洁净煤的研究，针对我国目前动力煤洗煤厂能力利用率仅 50% 多，应尽快制定和实施燃煤环保法，以促进煤炭洗选加工的发展和洁净煤技术的应用。

一、艾士卡法

1. 方法概要

将煤样和艾士卡试剂混合灼烧，煤中硫生成硫酸盐，然后使硫酸根离子生成硫酸钡沉淀。根据硫酸钡的质量计算硫的含量。

2. 仪器和试剂

① 艾士卡试剂：以 2 质量份的化学纯轻质氧化镁与 1 质量份的化学纯无水碳酸钠混匀并研细至粒度小于 0.2mm 后，保存在密闭容器中。

② 盐酸溶液（1＋1）。

③ 氯化银溶液：100g/L。

④ 甲基橙溶液：20g/L。

⑤ 分析天平。

⑥ 马弗炉。

3. 分析步骤

于 30mL 坩埚内称取粒度小于 0.2mm 的空气干燥煤样 1g（称准至 0.0002g）和艾士卡试剂 2g 仔细混合均匀，再用 1g 艾士卡试剂覆盖。将装有煤样的坩埚移入通风良好的马弗炉中，在 1～2h 内从室温逐渐加热到 800～850℃，并在该温度下保持 1～2h。将坩埚从马弗炉中取出，冷却到室温，用玻璃棒将坩埚中的灼烧物仔细搅松捣碎（如发现有未烧尽的煤粒，

应在 $800\sim850℃$ 继续灼烧 $0.5h$），然后移入 $400mL$ 烧杯中，用热水冲洗坩埚内壁，将洗液收入烧杯，再加入 $100\sim150mL$ 刚煮沸的水充分搅拌。如果此时尚有黑色煤粒漂浮在液面上，则本次测定作废。用中速定性滤纸以倾泻法过滤，用热水冲洗 3 次，然后将残渣移入滤纸上，用热水洗涤至少 10 次，使溶液体积保持在 $250\sim300mL$。向溶液中滴加 $2\sim3$ 滴甲基橙指示剂，加盐酸（$1+1$）溶液中和后，再过量 $2mL$，使溶液显微酸性，将溶液加热到沸腾，在不断搅拌下滴加氯化钡溶液 $10mL$，在近沸状况下保持 $2h$，最后溶液体积保持在 $200mL$ 左右。溶液静置过夜后，用定量滤纸过滤，并用热水洗涤至无氯离子为止（用硝酸银检验氯离子）。将带沉淀的滤纸移入已知质量的瓷坩埚中，先在低温下灰化滤纸，然后在 $800\sim850℃$ 的马弗炉中灼烧 $20\sim40min$，取出坩埚，在空气中稍加冷却后放入干燥器中冷却至室温称量。再作检查性灼烧 $20min$，直至两次质量之差小于 $0.0010g$ 时为止。

每配制一批艾士卡试剂或更换试剂时，应进行 2 个以上空白实验，硫酸钡的质量极差不得大于 $0.0010g$，取算术平均值作为空白值。

4. 结果计算

煤样中全硫量 $S_{t,ad}$ 的计算：

$$S_{t,ad}=\frac{(m_1-m_2)\times0.1374}{m}\times100\%$$

式中　$S_{t,ad}$——空气干燥煤样中全硫的含量，%；

$\qquad m_1$——硫酸钡的质量，g；

$\qquad m_2$——空白实验的硫酸钡的质量，g；

$\quad 0.1374$——由硫酸钡换算为硫的系数；

$\qquad m$——煤样的质量，g。

二、高温燃烧中和法

1. 方法概要

煤样在催化剂作用下于氧气流中燃烧，煤中硫生成硫的氧化物（SO_2 和 SO_3），将此氧化物与过氧化氢反应，均生成硫酸，用氢氧化钠标准溶液滴定硫酸，根据氢氧化钠用量计算出全硫含量。

2. 仪器和试剂

① 氧气。

② 过氧化氢溶液：每升含 30%（质量分数）的过氧化氢水溶液。

③ 碱石棉：化学纯，粒状。

④ 混合指示剂：将 $0.125g$ 甲基红溶于 $100mL$ 乙醇中，另将 $0.083g$ 亚甲基蓝溶于 $100mL$ 乙醇中，分别储存于棕色瓶中，使用前按等体积混合。

⑤ 无水氯化钙：化学纯。

⑥ 邻苯二甲酸氢钾：优级纯。

⑦ 酚酞：$1g/L$ 的 60% 乙醇溶液。

⑧ 氢氧化钠标准溶液 $c(NaOH)=0.03mol/L$：称取分析纯氢氧化钠 $6g$，溶于 $5000mL$ 经煮沸并冷却的水中，混合均匀装入瓶中，用橡胶塞塞紧。取预先在 $120℃$ 下干燥过 $1h$ 的邻苯二甲酸氢钾 $0.2\sim0.3g$（称准至 $0.0002g$）于 $250mL$ 锥形瓶中，用 $20mL$ 左右的水溶解，以酚酞作指示剂，用氢氧化钠标准溶液滴定至浅红色，$30s$ 不褪为终点。氢氧化钠的浓度用下面公式计算：

$$c(\text{NaOH}) = \frac{m \times 1000}{204.2V}(\text{mol/L})$$

式中　　m——邻苯二甲酸氢钾的质量，g；

　　　　V——氢氧化钠溶液的用量，mL；

　　204.2——邻苯二甲酸氢钠的摩尔质量，g/mol。

　　⑨ 燃烧舟：耐温1300℃以上，长约77mm，上宽约12mm，高约8mm。

　　⑩ 管式高温炉：能加热到1250℃并有80~100mm的高温恒温带（1200±5）℃。

3. 分析步骤:

实验准备：把燃烧管插入高温炉中，使管端伸出炉口100mm，并接上一段长30mm的硅橡胶管，将高温炉加热并稳定在（1200±5）℃，测定燃烧管内高温恒温带及500℃带的部位和长度，将干燥塔、氧气流量计、高温炉的燃烧管和吸收瓶连接好，并检查装置的气密性。

测定手续：用量筒分别量取100mL已中和的过氧化氢倒入2个吸收瓶中，塞上带有气体过滤器的瓶塞，并连接到燃烧管的端口，再次检查其气密性。称取0.4g（称准至0.0002g）煤样于燃烧舟中并盖上一薄层三氧化钨。将盛有煤样的燃烧舟放在燃烧管的入口端，随即用带T形管的橡胶塞塞紧，然后以350mL/min的流量通入氧气，用镍铬丝推棒将燃烧舟推到500℃温度区并保持5min，再将舟推到高温区，立即缩回推棒，使煤样在该区燃烧10min。取下塞子，停止通氧，取下吸收瓶和取出瓷舟。取下吸收瓶塞，用水清洗气体过滤器2~3次。分别向2个吸收瓶内加入3~4滴混合指示剂，用氢氧化钠溶液滴定至溶液由桃红色到铜灰色，记下氢氧化钠的用量。

空白测定：在燃烧舟内放一薄层三氧化钨，按上述步骤测定。

4. 结果计算

煤样中全硫量$S_{t,ad}$的计算:

$$S_{t,ad} = \frac{(V-V_1)c \times 16f}{m \times 1000} \times 100\%$$

式中　　V——煤样测定时，氢氧化钠标准溶液的用量，mL；

　　　　V_1——空白实验时，氢氧化钠标准溶液的用量，mL；

　　　　c——氢氧化钠标准溶液的物质的量浓度，mol/L；

　　　　f——校正系数（当$S_{t,ad}<1\%$时，$f=0.95$；$S_{t,ad}$为1%~4%时，$f=1.00$；$S_{t,ad}>4\%$时，$f=1.05$）；

　　　　m——煤样的质量，g；

　　　　16——硫的摩尔质量，g/mol。

任务6　不同基准分析结果的换算

一、换算的意义

煤工业分析的结果（如挥发分等）是用空气干燥基试样为基准经过测定而计算出来的。但是空气干燥基试样所含有的水分是随温度、空气的湿度以及不同环境下其他因素的变化而改变的。因此，在工业分析中常需要将分析结果换算成对干燥物质的质量分数，只有这样才能对各个试样进行定量的比较。

煤质分析结果的表示方法如表 4-1 所示。

表 4-1　煤质分析结果的表示方法

术语名称	英文名称	定义	表示符号
收到基	as received basis	以收到状态的煤为基准	ar
空气干燥基	air dried basis	与空气湿度达到平衡状态的煤为基准	ad
干燥基	dry basis	以假想无水状态的煤为基准	d
干燥无灰基	dry ash-free basis	以假想无水、无灰状态的煤为基准	daf
干燥无矿物质基	dry mineral matter free basis	以假想无水、无矿物质状态的煤为基准	dmmf
恒湿无灰基	moist ash-free basis	假想含最高内在水分、无灰状态的煤为基准	maf
恒湿无矿物质基	moist mineral matter-free baisis	以假想含最高内在水分、无矿物质状态的煤为基准	M,mmf

各种基准的煤所含的组分如图 4-1 所示。

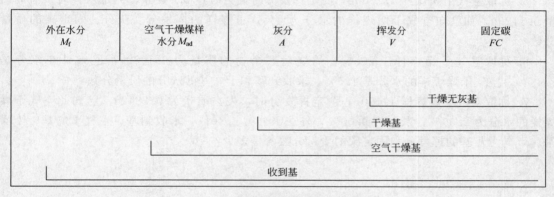

图 4-1　各种基准的煤所含的组分

二、换算公式

① 由空气干燥基换算成收到基

设 x 为煤的任一组分的质量分数，则

$$x^{ar} \times 100 = x^{ad} \times 100 \left(1 - \frac{M_f}{100}\right)$$

式中　x^{ar}——以收到基试样为基准时某组分的质量分数；

x^{ad}——以空气干燥基为基准时某组分的质量分数；

M_f——以收到基为基准时的外在水分的质量分数。

② 由空气干燥基换算成干燥基

$$x^{d} \times 100 = x^{ad} \times 100 \times \frac{100}{100 - M_{ad}}$$

式中　x^{d}——以干燥基为基准时某组分的质量分数；

x^{ad}——以空气干燥基为基准时某组分的质量分数；

M_{ad}——以空气干燥基为基准的空气干燥煤样水分的质量分数。

③ 由空气干燥基换算成干燥无灰基

$$x^{daf} \times 100 = x^{ad} \times 100 \times \frac{100}{100 - (M_{ad} + A_{ad})}$$

式中　x^{daf}——以干燥无灰基为基准时某组分的质量分数；

x^{ad}——以空气干燥基为基准时某组分的质量分数；

M_{ad}——以空气干燥基为基准的空气干燥煤样水分的质量分数；

A_{ad}——以空气干燥基为基准的灰分的质量分数。

习　　题

1. 煤是由哪些组分构成的？各组分所起的作用如何？

2. 煤的分析有哪几类？

3. 煤中的水分及含硫对煤的性能有何影响？

4. 称取煤试样 1.000g，测定空气干燥煤样水分时失去质量 0.0600g，求空气干燥煤样的水分？如已知此煤样的外在水分为 10%，求全水分？

5. 称取空气干燥煤样 1.2000g，测定挥发分时失去质量 0.1420g，测定灰分时残渣的质量 0.1125g，如已知空气干燥煤样的水分为 4%，求煤样的挥发分、灰分、固定碳的质量分数？

6. 称取空气干燥煤样 1.2000g，灼烧后残余物的质量为 0.1000g，已知外在水分是 2.45%，空气干燥煤样的水分是 1.5%，求收到基和干燥基的灰分的质量分数？

7. 称取空气干燥煤样 1.000g，测定挥发分时，失去质量为 0.2842g。已知此空气干燥煤样的水分为 2.50%，灰分为 9.00%，外在水分为 5.40%。求收到基、空气干燥基、干燥基、干燥无灰基的挥发分和固定碳的质量分数各是多少？

钢铁分析

铁矿石的成分主要为氧化铁，生铁是以铁矿为原料并用焦炭在高炉中还原而得。留在生铁中的杂质元素有冶炼时所有的碳及矿石中残留下来的硅、锰、硫、磷等。当再经过炼钢炉的冶炼，使碳降低至适当的数量，并使硅、锰、硫、磷含量达到规定所要求的产品即称为钢。所以碳、锰、硅、硫、磷是生铁和钢中主要分析控制的五种元素杂质。

生铁和钢的主要区别在于它们含碳量的多少。通常含碳量在 1.7% 以上称为生铁，含碳量在 0.05%～1.7% 称为钢。

由于碳元素的存在形式不同，生铁又分为白生铁和灰生铁。当碳以化合形式（碳化物）存在，生铁剖面带暗白色，故称为白生铁（或白口铁），其物理性能为极硬且脆，难以加工，主要用于炼钢。当生铁中硅含量较高，其中碳以游离状态的石墨碳形式存在，生铁剖面带灰色，故称为灰生铁（或灰口铁），其物理性能为硬度低，流动性大，便于加工，主要用于铸造。

钢分碳素钢与合金钢。碳素钢主要是含碳元素的合金，其他元素含量较少。碳素钢含碳量不同，又分为：

低碳钢：含碳量为 0.05%～0.25%。

中碳钢：含碳量为 0.25%～0.60%。

高碳钢：含碳量为 0.60%～1.4%。

为了改变钢的性能，以适应某些特殊用途，也常在上述五种元素之外，加入其他元素如镍、钨、铬、钛、钼、钒等，或者加入较一般碳素钢比例为更多的硅、锰等，这种类型的钢称为合金钢。

在钢铁中存在的五大元素对钢铁性能的影响特别大。下面介绍这五种元素。

（一）碳

碳在钢中主要以化合态存在，如 Fe_3C、Mn_3C 等，统称为化合碳。在铁中碳主要呈现碳的固溶体，如无定形碳，退火碳，结晶形碳或石墨碳等，统称游离碳。碳是对钢性能起决定作用的元素，含碳量高则硬度增加，延性及冲击韧性降低，若含碳量低则相反。

（二）硅

硅在钢铁中主要以固溶体及 FeSi、MnSi、FeMnSi 等形式存在，有少部分则以硅酸盐形式存在，形成钢中非金属夹杂物。硅一般由矿石引入，也有为特殊目的在冶炼时特意加入的，一般炼钢生铁中含硅为 $0.3\% \sim 1.5\%$，铸造生铁含硅达 3%；钢中含硅通常不超过 1%。耐酸、耐热钢含硅量较高，而电磁用钢含硅量可高达 4%。硅可以使钢的强度、硬度及弹性增加，硅不易与碳生成化合物并使生铁中石墨碳的比例增加。含硅稍多的铁富于流动性，易于铸造。硅又是钢的有效脱氧剂，加硅可以防止其他元素被氧化，提高了钢对氧的抵抗能力。硅也可增加钢的电阻及耐酸作用，而硅能降低钢铁的展性。

（三）硫

硫在钢铁中主要以 MnS 形式存在，部分与铁结合成 FeS，钢铁中的硫通常由矿石带入。硫化铁熔点低，最后凝固，位于钢的晶粒与晶粒之间，当加热压制时 FeS 熔化，而钢的晶粒失去连接作用，易被压碎，称为热脆，所以硫是钢铁中的有害杂质。除热脆性外，硫能减低钢的耐磨性和化学稳定性。钢中硫的含量一般不超过 0.05%，生铁含硫较高，可达 0.35%。硫在钢中易于偏析，取样时需注意。

（四）磷

磷在钢中主要以 Fe_2P、Fe_3P 及固溶体形式存在，极少量可能以磷酸盐形态存在。磷能使钢产生冷脆而使冲击韧性降低，故一般属有害元素。含磷高时熔点低，流动性大而易于铸造，并可避免在轧制钢板时黏合，所以有时特意加入磷以达到此目的。钢中磷含量通常在 0.05% 以下，偶有高于 0.1% 者，炼钢生铁中磷含量小于 0.3%，轧辊之类则可高达 $0.4\% \sim 0.5\%$。在钢锭中磷具有偏析倾向，取样时应注意代表性。

（五）锰

锰在钢铁中以 MnS、MnC、FeMnSi 及固熔体状态存在。锰大部分来自原料矿石，有时也在冶炼过程中有目的地加入。锰能增加钢的硬度、减弱展性。锰含量超过 1.5% 时变脆，但在 7% 以上，钢则具有耐磨性能。锰能使钢中 FeS 变成 MnS，而 MnS 熔点较高，生成后不在晶粒的周围，因而降低硫的危害性，提高机械性能。锰在冶炼过程中是良好的脱氧和脱硫剂。

综上所述可知，硫、磷对钢铁有害，因此越少越好；碳、硅、锰含量在一定限度内为有益元素。对于生铁和碳素钢一般都应分析该五种元素，而合金钢则除五种元素外，还需分析加入的特殊元素。

任务 1　钢试样的制备和分解

钢铁是熔炼产品，但是其组成并不均匀，这主要是在铸锭冷却时，由于其中各组分的凝固点不同而产生偏析现象，使硫、磷、碳等在锭中各部分的分布不均匀。故钢或生铁的铸锭、铁水、钢水在取样时，均须按一定手续采取，才能得到平均试样。

一、生铁试样的采取和制备

铁样一般在出铁时从铁水采取，进行成品检验时要在铁锭中取。

（一）铁锭

从一批铸铁中取样，每 10t 取一锭。把取得的锭块分成均匀的数组，每组中锭块不超过 10 个。然后在各组中取样，单独加以分析，按各组分析结果取其平均值。

如锭块是白口铁，由于其硬度大不能钻取，可用重锤敲打一块，用砂轮打光表面，再用大锤打碎，在铁块不同部位取相等的量混合成 50g 以上，放入硬质钢制的冲击钵中捣碎，直至完全通过 100 筛目。用垫纸的磁铁吸引铁样，轻轻敲击磁铁，弃去不被磁铁吸引的杂质，将铁样放入纸袋中，送化验室。

对灰口铁取样时，将铁块表面用砂轮打净，在现出发亮金属色泽处，用直径 13～18mm 的麻花钻直接钻取若干点，例如，一点垂直于铁块，其余两点在以此点为中心的对称两边。最初 5mm 深处的钻屑弃去，一般钻至离另一面剩有 5mm 距离的地方（试样过厚可钻至中心）。在每份钻得的铁屑中，各取相等量混合成 50g 以上。用高锰钢钵研磨至全部通过 60 筛目，用磁铁吸取除去杂质。测定碳用的钻屑要求成卷状，捣碎后过 10 筛目。

（二）铁水

在高炉铁水流入沟中时，用长柄铁勺在铁水流出量的 1/4、1/2、3/4 时从铁水流中取样三次，分别倒入铸铁模中，待凝固后制取试样，方法同上。

二、铁样的采取和制备

炼钢生产中炉前分析是从钢水中取样，成品检验和钢材分析需要从钢锭、钢材上取样。

（一）钢材

采取钢样用刨取法或钻取法。先用钢丝刷或砂轮将表面磨净，自钢材整个横截面上沿轧制方向钻取。钻眼应沿截面均匀分布，钻孔深度大致相同。若垂直于纵轴中线取，其深度应达钢材轴心处。

（二）钢水

钢水出炉流入盛钢桶内，趁盛钢桶倒出钢水时用取样模接取试样。模为铸铁制带柄圆锥形，模底直径 50mm，上部直径 60mm，模高 85mm，柄长 1～2mm。凝固后，从模中倒出，用冷水冷却至尚有余热，用砂轮清理表面，由试样块侧面中部垂直方向钻取。钻取时用 12mm 钻取。如钻屑过长，可用剪刀剪断至 15mm 以下。钻速也不宜过快，否则钻样时受热，钻屑易于氧化。

采取炉前试样，可用长柄铁勺，勺在使用前必须先沾上一层炉渣，否则会熔化。取样前应将炉中钢水搅匀，直接从炉中舀出钢水倒入试样模，凝固后制样。也可将钢水浇铸在倾斜的钢板上，使成薄片，迅速浸入冷水中冷却、烘干、捣碎。

三、试样的分解

钢铁试样主要采用酸溶解，常用的有盐酸、硫酸和硝酸。三种酸可单独或混合使用，混合溶剂，不仅能取长补短，，而且往往产生新的溶解能力。此外，常用的还有磷酸、高氯酸等。

盐酸：大部分金属与盐酸作用后生成的氯化物都易溶于水。盐酸中的氯离子可与某些金属离子生成稳定的配合物，有助于溶解；同时盐酸具有一定的还原性，有时也因还原作用而加速溶解。

硝酸：几乎所有的硝酸盐都易溶于水。一些不易为盐酸或稀硫酸溶解的金属能被硝酸溶解，铝、铬在硝酸中生成氧化膜而钝化，锑、锡、钨在硝酸中生成不溶性的酸。在溶解钢铁时，硝酸可以迅速分解碳化物而促使溶解，石墨碳不易为硝酸所分解。

硫酸：稀硫酸无氧化性，但热浓硫酸具有氧化性。硫酸盐一般可溶解于水（钡、锶、钙、铅等除外）。硫酸沸点高，在钢铁分析中，除用于溶样外，还用以逐出易挥发酸和脱水作用。

磷酸：在溶解试样时，磷酸一般不单独使用，加入的目的，是使其在分析过程中起辅助作用。

高氯酸：高氯酸盐一般都溶于水（钾、铷、铯和铵盐溶解度较小）。60％～72％的热高氯酸是强氧化剂和脱水剂，如能氧化三价铬至六价；使硅酸脱水。使用高氯酸必须注意安全，勿使热浓高氯酸接触有机物质，以免爆炸；高氯酸与浓硫酸混合也会爆炸，因后者使前者脱水而生成无水高氯酸所致。使用高氯酸后的通风橱，应充分通风驱尽高氯酸蒸气，并经常用水冲洗通风橱内部，定期检查通风橱木料部分有否变质，以免引起燃烧或爆炸。

综上所述，可知溶解生铁及碳素钢一般采用盐酸和稀硫酸，有时须加入硝酸分解碳化物。但溶解用酸的选择不仅决定于物质的可溶性和溶解的快慢，还应考虑所测定的元素，采用的分析方法及引进的离子是否有干扰等方面。

任务 2 钢铁中碳含量的测定

钢铁中的碳主要包括化合碳和游离碳，在一般情况下是测定总碳量。在必要时利用游离碳不与热稀硝酸作用，而化合碳能溶于热稀硝酸的性质，分离出游离碳测定之。化合碳的含量则由总碳量和游离碳的含量之差而求得。测定总碳量常用下述方法。

钢样在高温（1150～1250℃）下通氧燃烧，此时化合碳与游离碳均被燃烧成二氧化碳。

$$C + O_2 \longrightarrow CO_2$$
$$4Fe_3C + 13O_2 \longrightarrow 4CO_2 + 6Fe_2O_3$$
$$Mn_3C + 3O_2 \longrightarrow CO_2 + Mn_3O_4$$

生成的二氧化碳可用钢铁定碳仪，根据定碳仪中装有的吸收剂氢氧化钾在吸收二氧化碳前后定碳仪的体积变化，来测定总碳量的方法，称为气体容量法；由于该法操作简便，准确度高，已被列为标准方法，并被普遍采用。如燃烧生成的二氧化碳，以氢氧化钡标准溶液吸收，用酸标准溶液回滴，即为吸收滴定法；燃烧生成的二氧化碳，以碱石棉吸收，根据其质量的增加来计算总碳含量，即为吸收称量法。分析标准钢铁样品，需用称量法进行校验。此外总碳量的测定方法还有：非水滴定法、电导法、库仑法等。本节主要介绍气体容量法。

一、方法概要

试样与助熔剂在高温（1200～1350℃）管式炉内通氧燃烧，碳被完全氧化成二氧化碳。除去二氧化硫后将混合气体收集于量气管中，测量其体积。然后以氢氧化钾溶液吸收二氧化碳，再测量剩余气体的体积。吸收前后气体体积之差即为二氧化碳的体积，以其计算碳含量。

二、仪器和试剂

① 氧：纯度不低于99.5％。

② 活性二氧化锰：硫酸锰20g溶解于500mL水中，加入浓氨水10mL，摇匀，加90mL过硫酸铵溶液（25％），边加边搅拌，煮沸10min后，再加入1～2滴氨水，静置至澄清（如果不澄清，则再加过硫酸铵适量）。抽滤，用氨水洗10次，热水洗2～3次，再用硫

酸（5+95）洗 12 次，最后用热水洗至无硫酸反应。于 110℃烘箱中烘干 3～4h，取其 20～40 目，在干燥器中保存。

③ 高锰酸钾-氢氧化钾溶液：称取 30g 氢氧化钾溶于 70mL 高锰酸钾饱和溶液中。

④ 硫酸封闭液：1000mL 水中加 1mL 浓硫酸，滴加数滴 0.1％的甲基橙溶液，至呈稳定的浅红色。

⑤ 氯化钠封闭液：称取 26g 氯化钠溶于 74mL 水中，滴加数滴 0.1％甲基橙溶液，滴加硫酸（1+2）至呈稳定的浅红色。

⑥ 助熔剂：锡粒、铜、氧化铜、五氧化二钒、铁粉。各助熔剂中碳的含量一般不应超过 0.0050％。使用前应作空白实验，并从试样的测定值中减去。

⑦ 玻璃棉。

三、分析步骤

装上瓷管，接通电源，升温。铁、碳钢和低合金钢试样，升温至 1200～1250℃，中高合金钢、高温合金等难熔试样，升温至 1350℃。通入氧，检查整个装置的管路及活塞是否漏气。调节并保持仪器装置在正常的工作状态。当更换水准瓶内的封闭液、玻璃棉、除硫剂和高锰酸钾-氢氧化钾溶液后，均应先燃烧几次高碳试样，以其二氧化碳饱和后才能开始分析操作。

空白实验：吸收瓶、水准瓶内的溶液与待测混合气体的温度应保持基本一致，不然，将会产生正、负空白值。在分析试样前应反复做空白实验，直至得到稳定的空白实验值。由于室温的变化和分析中引起的冷凝管内水温的变动，在测量试样的过程中须做空白实验。

按表 5-1 称取试样量。

表 5-1　碳含量不同时称取试样量

碳含量/％	试样量/g
0.10～0.50	2.00±0.01（准确至 5mg）
＞0.50～1.00	1.00±0.01（准确至 1mg）
＞1.00～2.00	0.50±0.01（准确至 0.1mg）

测定：将试样置于瓷舟中，按表 5-2 取适量的助熔剂覆盖于试样上。

表 5-2　不同钢铁测定时加入助熔剂的量　　　　　　　　　　　　　　　　单位：g

助熔剂试样种类	锡粒	铜或氧化铜	锡粒＋铁粉	氧化铜＋铁粉	五氧化二钒＋铁粉
铁、碳钢和低合金钢	0.25～0.50	0.25～0.50			
中高合金钢、高温合金等难熔试样			0.25～0.50	0.25～0.50	0.25～0.50

开启玻璃磨口塞，将装好试样助熔剂的瓷舟放入瓷管中，用长钩推至瓷管加热区的中部，立即塞紧磨口塞，预热 1min。按照碳仪操作规程操作，记录读数，并从记录的读数中扣除所有的空白实验值。

启开玻璃磨口塞，用长钩将瓷舟拉出。检查试样是否燃烧完全。如熔渣不平，熔渣断面有气孔，表明燃烧不完全，须重新称试样测定。

四、计算

$$w(\mathrm{C}) = \frac{AVf}{m} \times 100\%$$

式中　A——温度 16℃、气压 101.3kPa，封闭溶液液面上每 mL 二氧化碳中含碳的质量，
　　　　　g；用硫酸封闭溶液作封闭时，A 值为 0.0005000g；用氯化钠溶液作封闭时，
　　　　　A 值为 0.0005022g；

　　　　V——吸收前与吸收后气体的体积差，即二氧化碳的体积，mL；

　　　　f——温度、气压校正系数（见表 5-3）；

　　　　m——试样量，g。

表 5-3　气体体积法测定碳的温度压力校正系数

t/℃	p/kPa								
	91.99	92.66	93.33	93.99	94.66	95.33	95.99	96.66	97.33
10	0.932	0.938	0.945	0.952	0.959	0.966	0.973	0.980	0.986
11	0.928	0.934	0.941	0.948	0.955	0.962	0.968	0.976	0.982
12	0.923	0.929	0.937	0.943	0.951	0.957	0.964	0.971	0.978
13	0.919	0.926	0.933	0.939	0.946	0.953	0.960	0.967	0.973
14	0.915	0.922	0.929	0.935	0.942	0.948	0.956	0.963	0.969
15	0.911	0.918	0.924	0.931	0.938	0.944	0.951	0.958	0.965
16	0.907	0.914	0.920	0.926	0.933	0.940	0.947	0.953	0.960
17	0.902	0.909	0.916	0.922	0.929	0.936	0.942	0.949	0.956
18	0.898	0.905	0.911	0.918	0.924	0.931	0.938	0.945	0.951
19	0.893	0.900	0.907	0.913	0.920	0.927	0.933	0.940	0.946
20	0.889	0.895	0.902	0.909	0.915	0.922	0.929	0.935	0.942
21	0.885	0.891	0.898	0.904	0.911	0.917	0.924	0.931	0.937
22	0.880	0.886	0.893	0.900	0.906	0.913	0.919	0.926	0.932
23	0.875	0.882	0.889	0.896	0.902	0.909	0.915	0.922	0.928
24	0.871	0.878	0.884	0.890	0.897	0.903	0.910	0.916	0.923
25	0.866	0.873	0.879	0.885	0.892	0.898	0.905	0.911	0.918
26	0.861	0.867	0.874	0.880	0.887	0.893	0.900	0.906	0.913
27	0.856	0.862	0.869	0.875	0.882	0.888	0.895	0.901	0.908
28	0.852	0.858	0.864	0.870	0.877	0.883	0.890	0.896	0.903
29	0.845	0.852	0.859	0.865	0.872	0.878	0.885	0.891	0.898
30	0.841	0.847	0.854	0.860	0.867	0.873	0.880	0.886	0.893
31	0.836	0.842	0.849	0.855	0.862	0.868	0.875	0.881	0.887
32	0.831	0.837	0.844	0.850	0.857	0.863	0.869	0.875	0.882
33	0.826	0.832	0.839	0.845	0.851	0.857	0.864	0.870	0.876
34	0.820	0.826	0.833	0.839	0.846	0.852	0.858	0.864	0.871
35	0.815	0.821	0.828	0.834	0.840	0.846	0.853	0.859	0.865

续表

$t/℃$	p/kPa									
	97.99	98.66	99.33	99.99	100.6	101.3	102.0	102.7	103.3	104.0
10	0.993	1.000	1.007	1.014	1.020	1.027	1.034	1.041	1.048	1.055
11	0.989	0.996	1.002	1.009	1.016	1.023	1.030	1.037	1.043	1.050
12	0.984	0.991	0.998	1.005	1.012	1.019	1.025	1.032	1.039	1.046
13	0.980	0.987	0.993	1.000	1.007	1.014	1.021	1.028	1.034	1.041
14	0.976	0.983	0.989	0.996	1.003	1.010	1.016	1.023	1.030	1.037
15	0.972	0.978	0.984	0.991	0.998	1.005	1.011	1.018	1.025	1.032
16	0.968	0.974	0.980	0.987	0.993	1.000	1.007	1.014	1.021	1.027
17	0.963	0.969	0.976	0.982	0.989	0.996	1.002	1.009	1.016	1.022
18	0.958	0.964	0.971	0.978	0.985	0.991	0.997	1.004	1.011	1.018
19	0.953	0.960	0.966	0.973	0.980	0.986	0.993	1.000	1.007	1.013
20	0.949	0.955	0.961	0.968	0.975	0.982	0.988	0.995	1.002	1.008
21	0.944	0.950	0.957	0.964	0.971	0.977	0.983	0.990	0.997	1.003
22	0.939	0.946	0.953	0.959	0.965	0.972	0.978	0.985	0.992	0.998
23	0.935	0.941	0.948	0.954	0.961	0.967	0.973	0.980	0.987	0.993
24	0.930	0.936	0.943	0.949	0.956	0.962	0.968	0.975	0.982	0.988
25	0.925	0.931	0.937	0.944	0.951	0.957	0.963	0.970	0.977	0.983
26	0.920	0.926	0.933	0.939	0.945	0.952	0.958	0.965	0.971	0.978
27	0.915	0.921	0.927	0.934	0.940	0.947	0.953	0.960	0.966	0.973
28	0.909	0.916	0.922	0.929	0.935	0.942	0.948	0.955	0.961	0.967
29	0.904	0.911	0.917	0.924	0.930	0.936	0.943	0.949	0.956	0.962
30	0.899	0.905	0.911	0.918	0.924	0.931	0.937	0.944	0.950	0.957
31	0.894	0.900	0.906	0.913	0.919	0.926	0.932	0.938	0.945	0.951
32	0.888	0.895	0.901	0.907	0.914	0.920	0.926	0.933	0.939	0.945
33	0.883	0.889	0.896	0.902	0.908	0.914	0.921	0.927	0.934	0.940
34	0.877	0.883	0.890	0.896	0.902	0.909	0.915	0.921	0.928	0.934
35	0.872	0.878	0.884	0.890	0.897	0.903	0.909	0.916	0.922	0.928

五、讨论及注意事项

（1）燃烧完全是获得准确结果的主要条件，欲使燃烧完全必须有足够高的温度和适当控制通氧速度，并加入助熔剂。一般碳素钢及生铁的燃烧在 1150～1250℃ 即可。通氧速度过快过慢都不适宜，速度过快，使生成的二氧化碳没来得及全部流入量气管已被气体充满，因而使结果偏低；速度过慢浪费时间。速度不均匀，则使管内气流紊乱，可能使二氧化碳残留于燃烧管内，结果也会偏低。试样在瓷舟中要均匀铺开，以免熔化不完全。

（2）在分析工作中，均应检查定碳仪各部分，防止漏气。

（3）仪器的量气管须放在室温比较正常的地点，与燃烧管式炉距离不可太近，一般相距 300～500mm 为宜，并应避免阳光直射。量气管与吸收器之间的温度也应避免差异。

（4）量气管内壁必须清洁，必要时用温热铬酸洗液洗涤，使壁上不挂水珠。两次测量体积时的条件应一致，如等候壁上流下液体的时间要相同，否则影响分析结果。

（5）分析试样前，除燃烧标准钢样进行对照实验，以检查仪器的准确性外，瓷舟及助熔剂均须作空白实验。所用长钩亦需经过灼烧。封闭液如新换的，在开始测定前，先取少量试样，灼烧 2～3 次，以欲测气体饱和。如高碳试样测定后，需通氧数次，再进行低碳的测定，否则影响分析结果。

（6）钢铁定碳仪量气管的刻度，通常是在 101.3kPa 和 16℃ 时按每毫升相当于每克试样含碳 0.05％ 刻制的，这个数字是根据以下计算而得的。

已知 1mol CO_2 在标准状态下所占体积为 22260mL，16℃ 时饱和水蒸气压力为 1.813kPa，16℃ 时所占体积可根据气态方程求出。

$$V_{16} = 22260 \times \frac{101.3}{101.3-1.813} \times \frac{273+16}{273} = 23994mL$$

由于碳的相对原子质量为 12，因此 12g 的碳生成 CO_2 的体积为 23994mL，每 1.00mL CO_2 相当碳的质量为：$\frac{12}{23994} = 0.000500g$，当试样为 1.0000g 时，每 1.00mL CO_2 相当于含碳 0.0500％。

（7）在实际测定中，当测量气体体积时的温度、压力和量气管刻度规定的温度、压力不同时，须加以校正，即将读取的数值乘以温度压力校正系数 K。K 值可自上表中查出，也可根据气态方程式算出。

例如：在 17℃、101.3kPa 时测得气体体积为 V_{17} mL，17℃ 时饱和水蒸气压为 1.933kPa，则 16℃，101.3kPa 时的体积 $V_{16} = V_{17} \times \frac{101.3-1.933}{101.3-1.813} \times \frac{273+16}{273+17} = 0.996V_{17}$

$$K = 0.996$$

（8）试样中的硫也和碳一起燃烧，生成 SO_2 并被氢氧化钾吸收，干扰碳的测定。常用二氧化锰、钒酸银作脱硫剂。

任务 3　钢铁中硫含量的测定

一、方法概要

试样与助熔剂在高温 1250～1350℃ 管式炉中通氧燃烧，硫被完全氧化成二氧化硫，用酸性淀粉溶液吸收并以碘酸钾溶液滴定。根据消耗的碘酸钾溶液的体积，计算硫含量。

二、仪器和试剂

① 氧：纯度不低于 99.5％。

② 无水氯化钙。

③ 碘化钾固体。

④ 碱石棉。

⑤ 硫酸（1.84g/mL）。

⑥ 盐酸（1.19g/mL）。

⑦ 氢氧化钾（100g/L）。

⑧ 铁粉淀粉吸收液：称取 10g 可溶性淀粉，用少量水调成糊状，加入 500mL 沸水，搅拌，加热煮沸后取下，加 500mL 水及 2 滴盐酸（1.19g/mL）搅拌均匀后静置澄清，使用时取 25mL 上层清液，加 15mL 盐酸（1.19g/mL），用水稀释至 1000mL，混匀。

⑨ 碘酸钾标准溶液：$c\left(\dfrac{1}{6}KIO_3\right)=0.001mol/L$。

称取三份标准钢样，同钢样的测定方法测定出标准钢样消耗的碘酸钾标准溶液的体积用量，按下式计算对硫的滴定度：

$$T=\frac{w(S)m}{(V-V_0)\times100}$$

式中　T——碘酸钾标准溶液对硫的滴定度，g/mL；

　$w(S)$——标准钢样中含硫的质量分数；

　　　V——滴定标准钢样消耗的碘酸钾标准溶液的平均体积，mL；

　　V_0——空白实验消耗碘酸钾标准溶液的体积，mL；

　　　m——标准钢样的质量，g。

⑩ 管式炉，瓷管，瓷舟，25.00mL 滴定管。

三、分析步骤

装上瓷管，接通电源，升温至 1250～1350℃。通入氧，其流量调节为 1500～2000mL/min，检查整个装置的管路及其活塞是否漏气，调节并保持仪器装置在正常的工作状态。

于吸收杯中加入 25mL 淀粉吸收液，通氧，用碘酸钾标准溶液滴定至淀粉吸收液显浅蓝色。

启开硅橡胶塞，将装好试样和助熔剂的瓷舟，盖上瓷盖，放入瓷管中，用长钩推至瓷管高温处，立即塞紧塞子，通氧燃烧，将燃烧后的气体导入吸收杯，待淀粉吸收液的蓝色开始退色，立即用碘酸钾标准溶液滴定，至吸收液色泽与起始色一致，即为滴定终点。读取碘酸钾的用量。

四、分析结果计算

$$w(S)=\frac{T(V-V_0)}{m}\times100\%$$

式中　T——碘酸钾标准溶液对硫的滴定度，g/mL；

　　　V——滴定试样消耗碘酸钾标准溶液的体积，mL；

　　V_0——空白实验消耗碘酸钾标准溶液的体积，mL；

　　　m——试样的质量，g。

任务 4　钢铁中磷、硅、锰含量的测定

一、钢铁中的磷含量的测定

(一) 方法概要

试样用硝酸和氢氟酸分解，加入高氯酸蒸发冒烟将磷氧化为正磷酸，加入硫酸得沉淀，过滤除去钡离子的干扰。以亚硫酸氢钠还原铁，加入钼酸铵-硫酸肼混合显色液，加热生成磷钼蓝，于分光光度计波长 825nm 处测其吸光度。

(二) 试剂

① 过氧化氢。

② 氢氧化钠。

③ 氢氟酸 (1.15g/mL)。

④ 硝酸 (1.42g/mL)。

⑤ 高氯酸 (1.67g/mL)。

⑥ 盐酸 (1+1)。

⑦ 硫酸 (5+95)。

⑧ 亚硫酸氢钠溶液 (100g/L)。

⑨ 显色溶液：称取 20g 钼酸铵溶解于 100mL 温水中，加入 650mL 硫酸 (1+1)，冷却至室温，移入 1000mL 容量瓶中，以水稀释至刻度，混匀。称取 1.5g 硫酸肼，溶解于水中，移入 1000mL 容量瓶中，用水稀释至刻度，混匀，用时配制。使用时取 25mL 钼酸铵溶液、10mL 硫酸肼及 65mL 水，混匀，每次使用 25mL。

⑩ 磷标准溶液：称取 0.4394g 预先在 105～110℃烘至恒重并保存在干燥器中的磷酸二氢钾基准试剂，溶解于水中，移入 1000mL 容量瓶中，用水稀释至刻度。此时溶液 1mL 含 0.1mg 磷。

(三) 测定步骤

将 1.000g 试样置于 200mL 聚四氟乙烯杯中，加入 20mL 硝酸，缓慢滴加氢氟酸至试样溶解。加入 10mL 高氯酸，加热蒸发并冒白烟约 5min，赶尽氢氟酸。盖上表面皿，继续蒸发至溶液体积为 3～4mL。取下稍冷，加入 30mL 温水溶解可溶性盐类。用快速定量滤纸过滤于 300mL 烧杯中，以温水洗涤滤纸 4～5 次。

如有不溶性残渣时，将滤纸及残渣置于 30mL 银坩埚中，小心灰化后，加入 0.5g 氢氧化钠、0.5g 过氧化钠，盖上坩埚盖，置于 540～560℃高温炉中熔融 10～15min。取出稍冷，加入 50～60mL 沸水浸出熔融物，以水洗净坩埚及坩埚盖，煮沸 2～3min，在室温处静置 1h，冷却后，移入 200mL 容量瓶中，以水稀释至刻度，混匀。用慢速定量滤纸干过滤于 200mL 烧杯中。

移取 10.00mL 滤液置于 100mL 容量瓶中，加入 10mL 亚硫酸氢钠溶液，在沸水浴中加热至溶液无色，立即加入 25mL 显色液，继续在沸水浴中加热 15min，取下以流水冷却至室温，用水稀释至刻度，混匀。

将部分溶液移入比色皿中，以随同试样空白溶液为参比，于分光光度计波长 825nm 处测量其吸光度，从工作曲线上查出相应的磷量。

工作曲线的绘制：移取 0mL、1.00mL、2.00mL、3.00mL、4.00mL、5.00mL 磷标准溶液，分别置于一组 100mL 烧杯中，加入 5mL 高氯酸，加热至冒高氯酸白烟，取下稍冷，加入 30mL 温水溶解可溶性盐类。加入 10mL 硫酸，冷却至室温，移入 200mL 容量瓶中，以水稀释至刻度，混匀。分取 10.00mL，以试剂空白为参比，测量其吸光度，以磷量为横坐标，吸光度为纵坐标绘制工作曲线。

(四) 分析结果的计算

磷的质量分数为：

$$w(\mathrm{P})=\frac{m_1}{mr}\times100\%$$

式中　m_1——从工作曲线上查得的磷量，g；

　　　m——试样的质量，g；

　　　r——试液分取比。

分析结果表示至小数点后三位。

（五）允许差

磷含量不同时测定的允许差见表 5-4。

表 5-4 磷含量不同时测定的允许差   单位：g

磷量	允许差
0.010~0.030	0.005
>0.030~0.050	0.006

二、钢铁中硅含量的测定

（一）方法概要

试样用混酸熔剂熔融，加入盐酸及高氯酸冒烟，加热蒸发使硅生成不溶性硅酸。经灼烧，称量，氢氟酸处理，使二氧化硅挥发，再经灼烧至恒重，根据氢氟酸处理前后质量之差，计算硅的质量分数。

（二）试剂

① 氢氧化钠。

② 无水碳酸钠。

③ 盐酸（1.19g/mL）。

④ 硫酸（1+3）。

⑤ 高氯酸（1.67g/mL）。

⑥ 氢氟酸（1.15g/mL）。

⑦ 硫氰酸铵（50g/L）。

⑧ 硝酸银（10g/L）。

（三）分析步骤

准确称取 0.2500g 置于盛有预先经加热脱水并冷却的 2g 氢氧化钠的镍坩埚中，加约 1g 碳酸钠混匀，于电炉上加热至呈半熔状，取下冷却，再覆盖 3g 过氧化钠，于 650~700℃ 熔融约 10min，至试样全部溶解。

将坩埚置冷后，置于 500mL 烧杯中，盖上表面皿，加入 50mL 盐酸（1+1），待熔块浸出后，取出坩埚用热水洗净，加入 50mL 高氯酸，加热蒸发至高氯酸蒸气沿烧杯内壁产生回流，再继续加热 15min 左右。取下烧杯放冷，加入 20mL 盐酸（1+1）、100mL 热水，搅拌使可溶性盐类溶解，立即以定量滤纸过滤于 500mL 烧杯中，烧杯中的残留物用擦棒擦洗并移入滤纸上，以热盐酸（1+9）洗涤沉淀及滤纸至无铁离子反应（用硫氰酸铵溶液检查），再用热水洗至无氯离子反应（用硝酸银溶液检查），保留滤纸和沉淀。

向滤液及洗液中加 10mL 高氯酸，加热蒸发至高氯酸的蒸气沿烧杯内壁产生回流再继续加热 15min。将上述所得的沉淀连同滤纸置于铂坩埚中，仔细滴加硫酸（1+3）约 1mL，于低温灰化至冒尽三氧化硫白烟，然后于 1100℃ 的高温炉中灼烧 30min，取出稍冷后置于干燥器内冷却至室温，并反复灼烧至恒重。

沿铂坩埚壁加入 1~2mL 水，使残渣润湿，加入 4~5 滴硫酸（1+3）、10~15mL 氢氟酸，将铂坩埚置于电炉上缓慢蒸发至冒尽三氧化硫白烟。再于 1100℃ 的高温炉中灼烧

30min，取出置于干燥器内，冷却至室温并反复灼烧至恒重。

（四）分析结果计算

$$w(Si) = \frac{(m_1 - m_2) - (m_3 - m_4)}{m_0} \times 0.4674 \times 100\%$$

式中　m_1——氢氟酸处理前沉淀和铂坩埚的质量，g；

$\quad\quad\ m_2$——氢氟酸处理后沉淀和铂坩埚的质量，g；

$\quad\quad\ m_3$——氢氟酸处理前随同试样的空白和坩埚的质量，g；

$\quad\quad\ m_4$——氢氟酸处理后随同试样的空白和坩埚的质量，g；

$\quad\quad\ m_0$——试样的质量，g；

0.4674——二氧化硅换算为硅的因数。

三、钢铁中锰含量的测定

（一）方法概要

试样用硝酸、氢氟酸分解，高氯酸冒烟除去氟离子，用磷酸冒烟消除高氯酸。在磷酸介质中，用高碘酸钾将锰氧化成紫红色的高锰酸，于分光光度计波长 530nm 处测量其吸光度。

（二）试剂

① 高碘酸钾。

② 硝酸（1.42g/mL）。

③ 氢氟酸（1.15g/mL）。

④ 高氯酸（1.67g/mL）。

⑤ 盐酸（1.19g/mL）。

⑥ 磷酸（1.70g/mL）。

⑦ 尿素溶液（100g/L）。

⑧ 亚硝酸钠溶液（50g/L）。

⑨ 锰标准溶液：称取 0.1000g 金属锰（基准试剂），置于 250mL 烧杯中，缓慢加入 20mL 盐酸（1+1），低温加热至试样完全溶解，加入 2mL 高氯酸、10mL 磷酸，加热至冒尽高氯酸白烟，液面平静，微冒磷酸烟。取下稍冷，加入 50mL 水，滴加过氧化氢还原锰至无色，煮沸 5～10min，冷却至室温，移入 1000mL 容量瓶中，用水稀释至刻度，混匀。此溶液 1mL 含 100μg 锰。

（三）分析步骤

称取 0.2000g 试样，将试样置于干燥的铂皿中，缓慢加入 10mL 硝酸，边摇动边滴加氢氟酸分解试样至无棕红色烟，低温加热至试样完全溶解，取下稍冷，加入 10mL 高氯酸，低温加热蒸发至体积约为 3mL，取下，加入 5mL 盐酸、10mL 水，加热溶解盐类。取下，移入 200mL 烧杯中，洗净铂皿，加热煮沸至溶液清亮，取下，用定性滤纸过滤于另一个 200mL 烧杯内，洗净烧杯和滤纸，弃去残渣。

在滤液中加入 15mL 磷酸，低温加热至冒尽高氯酸白烟，液面平静，微冒磷酸烟，取下冷却，加入 50mL 水、0.5g 高碘酸钾，低温煮沸 3min，取下冷却至室温，加入 10mL 尿素溶液，移入 100mL 容量瓶中，用不含还原性物质的水稀释至刻度，混匀。

将部分溶液移入适当厚度的吸收皿中，向剩下的溶液中边摇边滴加亚硝酸钠溶液至紫红色刚好褪去作为参比溶液，于分光光度计波长 530nm 处测量其吸光度。减去随同试样空白的吸光度，从工作曲线上查出相应的锰量。

工作曲线的绘制：移取 0mL、2.00mL、4.00mL、6.00mL、8.00mL、10.00mL 锰标准溶液，分别置于一组 200mL 烧杯中，加入 2mL 高氯酸，以下按上述操作，测得的吸光度减去绘制工作曲线时试剂空白的吸光度，以锰量为横坐标，吸光度为纵坐标，绘制工作曲线。

（四）分析结果的计算

$$w(\text{Mn}) = \frac{m_1}{m} \times 100\%$$

式中　m_1——在工作曲线上查到的锰量，g；

　　　m——试样的质量，g。

任务5　特种钢分析

特种钢一般指那些成分、组织、生产工艺特殊，具有特殊物理、化学及工艺性能的钢。它按照用途可以分为：结构钢、工具钢、耐热钢、电工钢、弹簧钢、轴承钢、易切削钢、耐磨钢、低温钢、超高强度钢、磁钢和无磁钢等。

碳素钢里适量地加入一种或几种合金元素，使钢的组织结构发生变化，从而使钢具有各种不同特殊性能，如强度、硬度大，可塑性、韧性好，耐磨，耐腐蚀，以及其他许多优良性能。例如，钨钢、锰钢硬度很大，可以制造金属加工工具、拖拉机履带和车轴等；锰硅钢韧性特别强，可以制造弹簧片、弹簧圈；钼钢能抗高温，可以制造飞机的曲轴、特别硬的工具等；钨铬钢（又叫高速钢）的硬度大，韧性很强，可以做机床刀具和模具；镍铬钢抗蚀性强，不易氧化，是一种不锈钢，可以制造化工生产上用的耐酸塔、医疗器械、日常用具等。

一、硅钡合金中铝含量的测定

（一）方法概要

试样用硝酸、氢氟酸溶解，在 pH＝5.5 的弱酸性介质中，加入过量的 EDTA 与铝定量反应，以 PAN 为指示剂，用铜标准溶液滴定过量的 EDTA。加入氟化钠后，经反应，并释放出一定量的 EDTA，再用铜标准溶液滴定，根据铜的用量，计算铝的质量分数。

（二）试剂

① 焦硫酸钾。

② 氢氧化钠，分析纯。

③ 氢氟酸（1.15g/mL）。

④ 高氯酸（1.67g/mL）。

⑤ 盐酸（1.19g/mL）。

⑥ 硝酸（1.42g/mL）。

⑦ 氨水（1＋1）。

⑧ 氟化钠饱和溶液。

⑨ 无水乙醇。

⑩ 六亚甲基四胺：250g/L、5g/L。

⑪ EDTA标准溶液（0.010mol/L）：称取分析纯EDTA 3.72g，配制成1000mL溶液，摇匀备用。标定：用基准物氧化锌标定。

⑫ 乙酸-乙酸铵缓冲溶液：称取500g乙酸铵，加水溶解，并稀至1000mL，用乙酸和氨水调节pH＝5.5～5.6。

⑬ 铜标准溶液：准确称取0.6365g高纯铜（99.99％），加入10mL硝酸（1＋3），加热溶解，完全溶解后，移入1000mL容量瓶中，滴加氨水（1＋1）至沉淀出现，再加入硝酸（1＋3）至沉淀刚溶解，并过量5滴，用蒸馏水稀释至刻度，摇匀，备用。

⑭ 标定：移取20.00mL 0.010mol/L EDTA标准溶液于300mL烧杯中，加入60mL蒸馏水、3滴对硝基酚指示剂（2g/L），用盐酸（1＋1）、氨水（1＋1）调节至黄色刚褪去，加入15mL乙酸-乙酸铵缓冲溶液，加热煮沸，取下，加入6滴PAN指示剂（1g/L），用铜标准溶液滴至红色为终点。计算出铜标准溶液的物质的量浓度。

⑮ 铁溶液：称取17.3g硫酸铁铵晶体，用水溶解后，移入1000mL容量瓶中，用水稀释至刻度，摇匀备用。

（三）测定步骤

称取0.5000g试样置于200mL聚四氟乙烯烧杯中，加入10mL浓硝酸，缓缓滴加氢氟酸至试样溶解后再加入2～3mL，用水冲洗杯壁，置于电炉上加热蒸发至溶液体积约10mL，取下烧杯稍冷，加入10mL高氯酸，用水冲洗烧杯壁，置于电炉上，将溶液蒸发至体积为1～2mL，取下烧杯稍冷，用少许水冲洗烧杯壁，再加入5mL高氯酸，继续于电炉上蒸发至近干。

冷却，加入20mL盐酸（1＋1）、40mL水，加热使盐类溶解，如有酸不溶残渣需过滤，用热盐酸（2＋100）冲洗滤纸5～6次，将滤液A盛于400mL烧杯中，作为溶液A。

将残渣连同滤纸置于铂坩埚中，于低温灰化，在850℃的高温炉中灼烧约30min，取出冷却，加5g焦硫酸钾，在700℃的高温炉中熔融10～15min。取出坩埚冷却，用水冲洗外壁，将坩埚放入预先盛有5mL溶液、5mL盐酸（1＋1）及50mL水的400mL烧杯中，浸出熔块，洗出坩埚，煮沸，溶解盐类，过滤，用水洗涤数次，保留滤液B作为溶液B。

将溶液A、B分别加热蒸发至体积约为100mL，用氨水（1＋1）中和至pH＝3，加入3～4滴盐酸（1＋1）、20mL六亚甲基四胺，加热至近沸，在80～90℃保温15～20min，取下烧杯，稍冷，分别过滤，用六亚甲基四胺洗液（5g/L）洗涤沉淀8～10次，将沉淀分别用约20mL热盐酸（1＋1）反复冲洗至滤纸无黄色铁离子后，再用热水洗涤2～3次，然后溶液B合并入溶液A中。

将溶液蒸发至50mL左右，移入200mL聚四氟乙烯烧杯中，于电炉上蒸发至3～5mL，取下冷却，加入8g氢氧化钠，用少许水冲洗杯壁，加盖，待固体氢氧化钠溶解后，加入100mL沸水、5mL无水乙醇，于电炉上加热煮沸2min，取下冷却，将溶液移入250mL容量瓶中，以水稀释至刻度，混匀，静置片刻，干过滤，弃去初滤液。移取100.00mL滤液置于500mL烧杯中，加入EDTA标准溶液，并过量5mL，加入3滴对硝基酚指示剂，用盐酸（1＋1）、氨水（1＋1）调节溶液至黄色刚褪，过量盐酸2滴，加入20mL缓冲溶液，煮沸3min取下，加入6滴PAN指示剂，立即用铜标准溶液滴定至红色，不计体积，加入15mL氟化钠饱和液，煮沸2min取下，补加2滴PAN指示剂，用铜标准溶液滴定至紫红色为终点。记下读数 V_4 mL。

（四）分析结果的计算

$$w(\text{Al}) = \frac{TK(V_4 - V_5)}{mr} \times 100\%$$

式中　T——EDTA 标准溶液对铝的滴定度，g/mL；

　　　K——铜标准溶液换算为 EDTA 标准溶液的体积比例系数；

　　　V_4——试液中加入氟化钠后回滴时所消耗铜标准溶液的体积，mL；

　　　V_5——空白试验中加入氟化钠后回滴时所消耗铜标准溶液的体积，mL；

　　　m——试样的质量，g；

　　　r——试液分取比。

二、硬质合金中钴含量的测定

（一）方法概要

试样以硫酸、硫酸铵溶解，在强氨性介质中用过量的铁氰化钾将钴氧化成三价状态。用硫酸钴溶液以电位滴定法返滴定过量的铁氰化钾。

钒和锰同样被铁氰化钾氧化。钒定量地参加反应，其含量若小于 0.50%（质量分数）可以进行校正。若试样中铌、钽总量超过 0.02%（质量分数），锰量只有低于 0.03%（质量分数）时本法才能使用。

（二）仪器和试剂

① 硫酸铵。

② 浓盐酸。

③ 氢氟酸。

④ 浓硝酸。

⑤ 浓硫酸。

⑥ 浓氨水。

⑦ 柠檬酸铵溶液：溶解 100g 柠檬酸于 900mL 水中，再加入 100mL 氨水混匀。

⑧ 硫酸钴标准溶液：称取 3.0000g 金属钴，置于 500mL 烧杯中，加入 100mL 浓硫酸，盖上表面皿，置于低温电炉上缓慢溶解。待溶解完后冷却至室温，移入 1000mL 容量瓶中，用水稀释至刻度，混匀。此溶液 1L 含钴 3g。

⑨ 铁氰化钾标准溶液

配制：溶解 17g 铁氰化钾于 1000mL 水中，混匀，置于棕色瓶中。保存于暗处。

标定：于 400mL 烧杯中加入 5g 硫酸铵、40mL 柠檬酸铵溶液、100mL 水和 80mL 氨水，用滴定管加入 9.00mL 铁氰化钾标准溶液，所用体积为 V_3 mL。立即用硫酸钴标准溶液滴定，所用体积为 V_4 mL。

按下式计算铁氰化钾标准溶液相当于硫酸钴标准溶液的体积比：

$$K = \frac{V_4}{V_3}$$

⑩ 甲基红指示剂：1g/L。

⑪ 电位滴定仪，铂电极，甘汞电极或钨电极，10mL 滴定管。

（三）分析步骤

将试样置于 400mL 烧杯中，加入 5g 硫酸铵、10～15mL 硫酸和 3mL 盐酸，盖上表面皿，加热至试样完全溶解，冷却。分次缓慢地加入 40～50mL 柠檬酸铵溶液，用 20～50mL 水冲洗表面皿和杯壁，温热至全部盐类溶解，冷却。加一滴甲基红指示剂溶液，以氨水小心中和大量的酸至 pH=3～5，防止过量地中和。充分冷却，加入 80mL 预先冷却到 10℃ 的氨水，立即用滴定管加入过量的铁氰化钾标准溶液，所用体积为 V_1 mL。立即用硫酸钴标准溶液返滴定，所用体积为 V_2 mL。

（四）分析结果的计算

$$w(\text{Co}) = \frac{(KV_1 - V_2)T}{m} \times 100\%$$

式中　K——铁氰化钾标准溶液相当于硫酸钴标准溶液的体积比；

　　　V_1——加入的铁氰化钾标准溶液的体积，mL；

　　　V_2——返滴定所消耗的硫酸钴标准溶液的体积，mL；

　　　T——标定后硫酸钴标准溶液所含的钴量，g/mL；

　　　m——试样的质量，g。

习　　题

1. 碳、硅、硫、磷、锰五元素对钢铁性能有些什么影响？

2. 钢样是如何制备的？

3. 使用高氯酸应注意什么？

4. 特种钢的特点是什么？

5. 金相分析的意义？金相分析有哪些一般步骤？

6. 什么是奥氏体？它有什么特点？

7. 金相试样的化学腐蚀方法有哪几种？举例说明化学腐蚀的原理。

8. 奥氏金相分析的原理是什么？

9. 称取钢样 1.000g，在 16℃、101.3kPa 时，测得二氧化碳的体积为 5.00mL，计算试样中碳的质量分数？

10. 称取钢样 0.7500g，在 17℃、99.99kPa 时，量气管读数为 2.14%（试样 1.000g），求温度、压力校正系数 K 及碳的质量分数。

学习情境六

水泥分析

硅酸盐可分为天然硅酸盐和人造硅酸盐。天然硅酸盐包括硅酸盐岩石和硅酸盐矿物等，在自然界分布较广，在工业上常见的有长石、黏土、滑石、云母、石棉和石英等。人造硅酸盐是以天然硅酸盐为原料，经加工而制得的工业产品，如水泥、玻璃、陶瓷、水玻璃、耐火材料等。

硅酸盐种类繁多，化学成分各不相同，总体上说，周期表中的大部分天然元素几乎都有可能存在于硅酸盐岩石中。在硅酸盐中，SiO_2 是其主要组成成分。

用分子式表示所有的硅酸盐的组成，非常复杂，因此，通常用硅酸酐和构成硅酸盐的所有金属氧化物的分子式分开写，例如：

正长石 $K(AlSi_3O_8)$ 或 $K_2O \cdot Al_2O_3 \cdot 6SiO_2$

高岭土：$H_4Al_2Si_2O_9$ 或 $Al_2O_3 \cdot 2SiO_2 \cdot 2H_2O$

硅酸盐水泥熟料中的 CaO、SiO_2、Al_2O_3 和 Fe_2O_3 四种主要氧化物占总量的 95% 以上，另外还有其他少量氧化物，如 MgO、SO_3、TiO_2、P_2O_5、Na_2O、K_2O 等。四种主要氧化物的含量一般是：CaO 为 62%～67%，SiO_2 为 20%～24%，Al_2O_3 为 4%～7%，Fe_2O_3 为 2.5%～6%。

工业分析工作者对岩石、矿物、矿石中主要化学成分进行系统的全面测定，称为全分析。硅酸盐岩石和矿物的全分析在地质样品、工业原料、工业产品的生产和控制分析中就很具有代表性，而且在地质学的研究和勘探、工业建设中都具有十分重要的意义。

在一份称样中测定一、二个项目称为单项分析。而系统分析则是在一份称样分解后，通过分离或掩蔽的方法消除干扰离子对测定的影响，再系统、连贯地进行数个项目的一次测定。

分析系统是在系统分析中从试样分解、组分分离到依次测定的程序安排。在一个样品需要测定其中多个组分时，建立一个科学的分析系统，进行多项目的系统分析，则可以减少试样用量，避免重复工作，加快分析速度，降低成本，提高效率。

在建立或评价一个全分析系统时，既要从系统的基本性质和基本观点出发，考虑系统的整体性、相关性、结构性、层次性、动态性、目的性和环境适应性，还要考虑事物的可能性空间和控制能力，使全分析系统具有科学性、先进性和适用性。

（一）经典分析系统

硅酸盐经典分析系统基本上是建立在沉淀分离和重量法的基础上，是定性分析化学中元素分组法的定量发展，是有关岩石全分析中出现最早、在一般情况下可获得准确分析结果的多元素分析流程。

（二）快速分析系统

（1）碱熔快速分析系统　碱熔快速分析系统的特征是：以 Na_2CO_3、Na_2O_2 或 NaOH（KOH）等碱性熔剂与试样混合，在高温下熔融分解，熔融物以热水提取后用盐酸（或硝酸）酸化，不必经过复杂的分离手续，即可直接分液分别进行硅、铝、锰、铁、钙、镁、磷的测定。

（2）酸溶快速分析系统　酸溶快速分析系统的特点是：试样在铂坩埚或聚四氟乙烯烧杯中用 H_2F_2 或 $H_2F_2\text{-}HClO_4$、$H_2F_2\text{-}H_2SO_4$ 分解，驱除 H_2F_2，制成盐酸、硝酸或盐酸-硼酸溶液。溶液整分后，分别测定铁、铝、钙、磷、镁、钛、钾、钠。硅可用无火焰原子吸收光度法、硅钼蓝光度法、氟硅酸钾滴定法测定；铝可用 EDTA 滴定法、无火焰原子吸收光度法、分光光度法测定；铁、钙、镁常用 EDTA 滴定法、原子吸收分光光度法测定；锰多用分光光度法、原子吸收光度法测定；钛和磷多用光度法，钾和钠多用火焰光度法、原子吸收光度法测定。

（3）锂盐熔融分解快速分析系统　锂盐熔融分解快速分析系统的特点是：在热解石墨坩埚或用石墨粉作内衬的瓷坩埚中用偏硼酸锂、碳酸锂-硼酸酐或四硼酸锂于 $850\sim900℃$ 熔融分解试样，熔块经盐酸提取后以 CTMAB 凝聚重量法测定硅。整分滤液，以 EDTA 滴定法测定铝，二安替比林甲烷光度法和磷钼蓝光度法分别测定钛和磷，原子吸收光度法测定钛、锰、钙、镁、钾、钠。

任务 1　硅酸盐试样的处理

由于水泥试样中或多或少含有不溶物，如用盐酸直接溶解样品，不溶物将混入二氧化硅沉淀中，造成结果偏高。所以，国家标准中规定，水泥试样一律用碳酸钠烧结后再用盐酸溶解。若需准确测定，应以氢氟酸处理。

以碳酸钠烧结法分解试样，应预先将固体碳酸钠用玛瑙研钵研细，而且碳酸钠的加入量要相对准确，需用分析天平称量 0.30g 左右，若加入量不足，则试料烧结不完全，使测定结果不稳定；若加入量多，则烧结块不易脱坩。加入碳酸钠后，要用细玻璃棒仔细混匀，否则试料烧结不完全。

用盐酸浸出烧结块后，应控制溶液体积，若溶液太多，则蒸干耗时太长。通常加 5mL 浓盐酸溶解烧结块，再以约 5mL 盐酸（1+1）和少量水洗净坩埚。

任务 2　硅酸盐中二氧化钛含量的测定

钛的测定方法很多，由于硅酸盐试样中含钛量较低，所以通常采用光度法测定。常用的是过氧化氢光度法、二安替比林甲烷光度法和钛试剂光度法等。

二安替比林甲烷光度法灵敏度较高，而且易于掌握，重现性和稳定性较好。显色反应的速率随酸度的提高和显色剂浓度的降低而减慢。反应介质选用盐酸，因硫酸溶液会降低配合物的吸光度。比色溶液最适宜的盐酸酸度范围为 $0.5\sim1mol/L$。如果溶液的酸度太低，一方面很容易引起 TiO^{2+} 的水解；另一方面，当以抗坏血酸还原 Fe^{3+} 时，由于 TiO^{2+} 抗坏血酸形成不易破坏的微黄色配合物，而导致测定结果偏低。如果溶液酸度达 $1mol/L$ 以上，有色溶液的吸光度将明显下降。当显色剂的浓度为 $0.03mol/L$ 时，1h 可显色完全，并稳定 24h

以上。该法有较高的选择性。在此条件下，大量的铝、钙、镁、铍、锰（Ⅱ）、锌、镉及 SO_4^{2-}、EDTA、$C_2O_4^{2-}$、NO_3^- 等均不干扰。Fe^{3+} 能与二安替比林甲烷形成棕色配合物，铬（Ⅲ）、钒（Ⅴ）、铈（Ⅳ）本身具有颜色，使测定结果产生显著的正误差，可加入抗坏血酸还原。钨、钼能与二安替比林甲烷形成白色沉淀，可提高酸度来减少影响。钍、锆、铈、铌量大时引起负干扰，可加酒石酸并延长显色时间至 4h 以上，以消除其影响。F^-、ClO_4^-、H_2O_2 能与钛或二安替比林甲烷生成配合物或沉淀，应避免。

（一）二安替比林甲烷光度法

1. 方法原理

在酸性溶液中 TiO^{2+} 与二安替比林甲烷生成黄色配合物，于波长 420nm 处测定其吸光度。用抗坏血酸消除 Fe^{3+} 的干扰。此法在国家标准 GB/T 176—1996 中列为基准法。

在盐酸或硫酸介质中，二安替比林甲烷与 TiO^{2+} 生成极为稳定的组成为 1∶3 的黄色配合物，反应为

$$TiO^{2+} + 3DAPM + 2H^+ \longrightarrow [Ti(DAPM)_3]^{4+} + H_2O$$

其吸光度同钛离子浓度的关系符合比耳定律，配合物的最大吸收波长在 380～420nm 处，摩尔吸光系数约为 1.47×10^4。

2. 仪器和试剂

① 盐酸溶液（1+2）、（1+11）。

② 抗坏血酸溶液：5g/L，将 5g 维生素 C 溶于 1000mL 水中，过滤后使用，用时现配。

③ 二安替比林甲烷溶液：1％二安替比林甲烷溶液，溶于盐酸（1+11）中。

④ 分光光度法常用仪器。

3. 测定步骤

（1）二氧化钛标准溶液的配制　称取 0.1000g 经高温灼烧过的二氧化钛，置于瓷坩埚中，加入 2g 焦硫酸钾，在 500～600℃ 下熔融至透明。熔块用硫酸（1+9）浸出，加热至 50～60℃，使熔块完全熔解，冷却后移入 1000mL 容量瓶中，用硫酸（1+9）稀释至标线，摇匀。此标准溶液中每毫升含有 0.1mg 二氧化钛。

吸取 100.00mL 上述标准溶液于 500mL 容量瓶中，用硫酸（1+9）稀释至标线，摇匀，此标准溶液每毫升含有 0.02mg 二氧化钛。

（2）工作曲线的绘制　吸取 0.02mg/mL 二氧化钛的标准溶液 0mL、2.00mL、4.00mL、6.00mL、8.00mL、10.00mL，分别放入 100mL 容量瓶中，依次加入 10mL 盐酸（1+2）、10mL 抗坏血酸溶液（5g/L）、5mL95％乙醇、20mL 二安替比林甲烷溶液（1％），用水稀释至标线，摇匀。放置 40min 后，用分光光度计，1cm 比色皿，以水作参比，于 420nm 处测定其吸光度。用测得的吸光度作相对应的二氧化钛含量的函数，绘制工作曲线。

（3）测定　从上述溶液 A 中吸取 25.00mL 溶液放入 100mL 容量瓶中，加入 10mL 盐酸（1+2）、10mL 抗坏血酸溶液（5g/L），放置 5min。加入 5mL 95％乙醇、20mL 二安替比林甲烷溶液（1％），用水稀释至标线，摇匀。放置 40min 后，用分光光度计，1cm 比色皿，以水作参比于 420nm 处测定其吸光度。在工作曲线上查出二氧化钛的含量（m_4）。

4. 结果计算

二氧化钛的质量分数 $w(TiO_2)$ 按下式计算：

$$w(TiO_2) = \frac{m_4 \times 10}{m \times 1000} \times 100\%$$

式中　m_4——100mL 测定溶液中二氧化钛的含量，mg；
　　　m——试料的质量，g。

（二）方法讨论

比色用的试样溶液可以是氯化铵重量法测定硅后的溶液，也可以用氢氧化钠熔融后的盐酸溶液，但加入显色剂前，需加入 5mL 乙醇，防止溶液浑浊而影响测定。

抗坏血酸及二安替比林甲烷溶液不易久放，应现用现配。

任务 3　硅酸盐中氧化铁含量的测定

随环境及形成条件的不同，铁在硅酸盐矿物中呈现二价或三价状态。在许多情况下，既需要测定试样中铁的总含量，又需要分别测定二价和三价铁的含量。测定氧化铁的方法很多，目前常用的是 EDTA 配位滴定法、重铬酸钾氧化还原滴定法和原子吸收分光光度法，如样品中铁含量很低时，可采用磺基水杨酸、邻菲啰啉等光度法。本文介绍原子吸收分光光度法。

（一）方法原理

原子吸收分光光度法测定铁，简单快捷，干扰少，在生产中得到广泛的应用。此法在 GB/T 176—1996 水泥化学分析法中列为代用法。

试样经氢氟酸和高氯酸分解后，分取一定量的溶液，以锶盐消除硅、铝、钛等对铁的干扰。在空气-乙炔火焰中，于波长 248.3nm 处测定吸光度。

（二）仪器和试剂

① 氯化锶溶液：锶 50g/L，将 152.2g 氯化锶溶解于水中，用水稀释至 1L，必要时过滤。

② 原子吸收光谱仪、铁元素空心阴极灯等有关仪器。

（三）测定步骤

（1）氧化铁标准溶液的配制　称取 0.1000g 已于 950℃灼烧 1h 的 Fe_2O_3（高纯试剂），置于 300mL 烧杯中，依次加入 50mL 水、30mL 盐酸（1+1）、2mL 硝酸，低温加热至全部溶解，冷却后移入 1000mL 容量瓶中，用水稀释至标线，摇匀。此标准溶液每毫升含有 0.1mg 氧化铁。

（2）工作曲线的绘制　吸取 0.1mg/mL 氧化铁的标准溶液 0mL、1.00mL、2.00mL、3.00mL、4.00mL，分别放入 100mL 容量瓶中，加 20mL 盐酸（1+2）及 10mL 氯化锶溶液，用水稀释至标线，摇匀。将原子吸收光谱仪调节至最佳工作状态，在空气-乙炔火焰中，用铁元素空心阴极灯，于 248.3nm 处，以水校零测定溶液的吸光度。用测得的吸光度作为相应氧化铁含量的函数，绘制工作曲线。

（3）测定　从溶液 B 或 C 中直接取用或分取一定量的溶液，放入容量瓶中，加入氯化锶溶液，使测定溶液中锶的浓度为 1mg/mL。用水稀释至标线，摇匀。用原子吸收光谱仪，铁元素空心阴极灯，于 248.3nm 处在与工作曲线绘制相同的仪器条件下测定溶液的吸光度，在工作曲线上查得氧化铁的浓度。

（四）结果计算

氧化铁的质量分数 $w(Fe_2O_3)$ 按下式计算：

$$w(\mathrm{Fe_2O_3}) = \frac{c(\mathrm{Fe_2O_3})Vn \times 10^{-3}}{m} \times 100\%$$

式中　$c(\mathrm{Fe_2O_3})$——测定溶液中氧化铁的浓度，mg/mL；

　　　　V——测定溶液的体积，mL；

　　　　m——试料的质量，g；

　　　　n——全部试样溶液与所分取试样溶液的体积比。

任务 4　硅酸盐中二氧化硅含量的测定

（一）原理

二氧化硅滴定分析方法都是间接测定方法，氟硅酸钾容量法是应用最广泛的一种，确切地说应该是氟硅酸钾沉淀分离-酸碱滴定法。其原理是含硅的样品，经与苛性碱、碳酸钠等共融时生成可溶性硅酸盐，可溶性硅酸盐在大量氯化钾及 $\mathrm{F^-}$ 存在下定量生成氟硅酸钾（$\mathrm{K_2SiF_6}$）沉淀。氟硅酸钾在沸水中分解析出氢氟酸（HF），以氢氧化钠标准溶液滴定。间接计算出二氧化硅的含量。主要反应：

$$\mathrm{SiO_2 + 2NaOH \longrightarrow Na_2SiO_3 + H_2O} \tag{1}$$

$$\mathrm{Na_2SiO_3 + 2HCl \longrightarrow H_2SiO_3 + 2NaCl} \tag{2}$$

$$\mathrm{H_2SiO_3 + 3H_2F_2 \longrightarrow H_2SiF_6 + 3H_2O} \tag{3}$$

$$\mathrm{H_2SiF_6 + 2KCl \longrightarrow K_2SiF_6 \downarrow + 2HCl} \tag{4}$$

$$\mathrm{K_2SiF_6 + 3H_2O \longrightarrow 4HF + H_2SiO_3 + 2KF} \tag{5}$$

$$\mathrm{HF + NaOH \longrightarrow NaF + H_2O} \tag{6}$$

上面式（1）表示含硅样品的分解（也可用 HF 分解样品）。式（2）表示分解后的试样中的硅酸盐在 HCl 存在下转化为可溶性的 $\mathrm{H_2SiO_3}$。式（3）和式（4）表示 $\mathrm{H_2SiO_3}$ 在大量氯化钾及 $\mathrm{F^-}$ 存在下生成 $\mathrm{K_2SiF_6}$ 沉淀。式（5）表示 $\mathrm{K_2SiF_6}$ 沉淀溶解生成 HF。式（6）表示以氢氧化钠标准溶液滴定 HF，间接测定硅含量。

虽然表面看起来这个过程就是样品溶解→生成 $\mathrm{K_2SiF_6}$→使 $\mathrm{K_2SiF_6}$ 溶解析出 HF→以氢氧化钠标准溶液滴定→计算硅含量，并不复杂，实际应用时却必须注意一些关键的环节，才能得到准确的测定结果。

（二）试液的制备

应用氟硅酸钾滴定法，首先必须使样品中的硅完全转化为可溶性的 $\mathrm{H_2SiO_3}$ 或 $\mathrm{SiF_4}$。

1. 样品用碱（NaOH、KOH、$\mathrm{Na_2CO_3}$、$\mathrm{Na_2O_2}$）熔融，使硅完全转化为硅酸钠或硅酸钾

一般使用氢氧化钠熔融，具有温度低、速度较快，含氟较高的试样中的硅不致呈 $\mathrm{SiF_4}$ 挥发损失，含铝、钛高的样品，应用氢氧化钾。实践过程证明：如果能使用氢氧化钾熔融的样品尽量使用氢氧化钾，这是因为一方面用它可以提供更多的 $\mathrm{K^+}$，另一方面制成的试液清澈，便于观察。一般样品熔融不加过氧化钠，只有样品不能被氢氧化钾完全分解时，可在加氢氧化钾的同时加入少量过氧化钠助熔。

熔融的容器多用银、镍、铁等坩埚，其中使用镍坩埚的比较多，因为镍坩埚耐用，制备的溶液清澈，混入的杂质较少。使用镍坩埚时，新的镍坩埚应先用无水乙醇擦去油污，放入马弗炉中 650℃灼烧 30min，取出空气中冷却，形成一层很薄的氧化膜，可更加耐腐蚀，延长使用寿命，熔融时应预先在电炉上加热，将氢氧化钾中的水分赶尽，再放入马弗炉中

600～650℃熔融 5～10min 或直至熔融完全。碱熔处理样品普遍用于测定各种样品的含硅量。

熔融物的浸取一般用 40～50mL 沸水、20mL 盐酸和 10mL 硝酸，一般控制体积为 50～80mL，体积太大会影响氟硅酸钾沉淀，如果单称样品 0.1g 测定，这样就可以了；若是样品碱熔后，酸化制成的一定体积试液，然后分液测定硅（二氧化硅含量高的样品，如硅酸盐等碱熔酸化制成的一定体积的试液，然后分液测定硅是不适宜的，因为含硅量高的样品在浸取、酸化、稀释到一定体积的试液制备时酸度降低很多，很快会析出硅胶，从而影响测定结果。即使含量较低的样品，也应在试液制备好后立即分液，否则放置时间过长，也会有硅胶析出，造成结果误差），则分取的部分试液中应补加 20mL 盐酸和 10mL 硝酸。

2. 用氢氟酸处理样品

用氢氟酸处理样品，一般还要加硝酸共同分解样品。对于硅系列的铁合金，由于硅及其他主要成分呈单质状态存在，与氢氟酸加硝酸溶解反应剧烈往往还要冷却，否则会有样品的散失。对于硅呈化合物状态存在的样品，还需要在加氢氟酸和硝酸后加热，如果不加热样品分解不完全，但加热温度超过 70℃，SiF_4 会挥发损失。在聚四氟乙烯烧杯中低温蒸发至最后一定剩余 10～15mL 体积，这样使样品分解完全，硅不会损失。1947 年，Munter 做过一个实验，低温蒸发至最后氢氟酸体积大于 1mL，氟硅酸就可以存在于溶液中，氢氟酸处理含硅样品时，低温蒸发至一定程度时，就会生成硅氟酸、氢氟酸和水的恒沸三元体系，恒沸点是 116℃，恒沸混合物的组成为：硅氟酸 36%、氢氟酸 10%、水 54%，1mL 恒沸混合物含 Si 66mg，换算为硅氟酸（H_2SiF_6）约 0.5g。有人用氢氟酸处理样品测定矿石的含硅量也取得了满意的测定结果。

（三）生成氟硅酸钾沉淀的最佳条件

杂质干扰最少是该方法的前提，由氟硅酸钾生成的反应：$SiO_3^{2-} + 2K^+ + 6F^- + 6H^+ \longrightarrow K_2SiF_6 \downarrow + 3H_2O$ 可知，欲使该反应进行到底，得到完全的氟硅酸钾沉淀，K^+、F^-、H^+ 的浓度要足够。

1. 沉淀的介质和酸度：介质可以是盐酸、硝酸或盐酸和硝酸的混合酸。在盐酸的介质中沉淀时，铝、钛允许量较小，沉淀速度较慢。但可允许大量铁、钙、镁共存；在硝酸介质中沉淀，铝、钛生成的氟铝酸钾和氟钛酸钾的溶解度比在盐酸中大，因此减少铝、钛的干扰，但如果同时有大量钙存在时有影响。所以样品中含钙、钛、铝均高时采用盐酸硝酸混合酸较好。所以一般情况使用纯硝酸或盐酸硝酸混合酸结果较好，氟硅酸钾沉淀可以完全，一般酸度在 3～4mol/L 介质中进行（这里的酸度是指硝酸如果是盐酸，则要酸度更高，使用纯盐酸介质，结果不理想，很少有人用）。

2. 氟离子和钾离子的浓度是沉淀的必要因素。氟离子和钾离子适当的过量可抑制氟硅酸钾沉淀的离解，有助于降低氟硅酸钾沉淀的溶解度。一般 F^- 的浓度要适当，一般控制 $KF\rho$ 约 >100g/L，为了保证已生成的 K_2SiF_6 沉淀不复溶。沉淀反应最好在饱和氯化钾或饱和硝酸钾溶液中进行（有人研究提出氯化钾的最小浓度 25℃时为 100g/L、35℃时为 120g/L 的条件下氟硅酸钾沉淀完全）。

3. 另外温度也是不可忽视的，在饱和氯化钾或饱和硝酸钾溶液中，只有在室温<35℃的条件下可生成完全的氟硅酸钾沉淀，温度高于 35℃氟硅酸钾沉淀会不完全或复溶。还有一个很重要的问题要注意，氟硅酸钾沉淀一经生成放置 10min 就可过滤，沉淀放置的时间

不超过 1～2h。放置时间过长，沉淀会吸附杂质和共沉淀给测定结果带来误差，建议以下的操作过程最好一鼓作气完成。

4. 由于 F^- 与玻璃生成硅氟化合物，使用的烧杯、漏斗、搅棒及装氟化钾溶液的瓶子等器皿，均应是不被 HF 腐蚀的聚乙烯、聚四氟乙烯或其他塑料制品。

（四）氟硅酸钾沉淀的洗涤

1. 氟硅酸钾沉淀的水溶性较大（$K_{sp}=8.6\times10^{-7}$，在 17.5℃ 时，100mL 水可溶解 0.12g K_2SiF_6），沉淀洗涤时为防止氟硅酸钾沉淀的溶解，用氯化钾饱和的无水乙醇溶液或饱和硝酸钾溶液。因用无水乙醇量太大，用氯化钾饱和的无水乙醇＋水＝1+1 的溶液做洗液也是可行的。有人用 50g/L 氯化钾和 50％ 无水乙醇溶液做洗液，也有人反对，认为既使低于 50％ 无水乙醇的氯化钾饱和溶液，也不能保证氟硅酸钾沉淀不溶解，有人推荐在 5～7℃ 条件下，使用低于 50％ 无水乙醇的氯化钾饱和溶液。如果洗液是硝酸钾饱和液，则可以不使用乙醇，在沉淀时用硝酸钾粉末或硝酸钾饱和溶液，洗沉淀时可以用 ≥150g/L 硝酸钾溶液。

2. 温度和湿度也值得注意。夏季室温在高于 35℃ 时不宜用氟硅酸钾沉淀法测定硅，沉淀在洗涤过程中有溶解的危险。同理，湿度 ＞70％，也有同样的问题存在，只是影响没那么大，如使用无水乙醇-氯化钾饱和溶液，则可减弱影响。鉴于同样的原因，过滤沉淀前在塑料漏斗上调滤纸时，可直接用洗液，如果用水调好滤纸后，一定要用洗液洗漏斗和滤纸三次以上，使滤纸上的水洗净，留在滤纸上的溶液和洗液达到平衡，完全一致。

（五）氟硅酸钾沉淀法测定硅的主要干扰元素及消除

大部分阳离子不干扰硅的测定，SO_4^{2-} 和 PO_3^{3-} 存在不利于氟硅酸钾沉淀的生成，阳离子的干扰主要是 Al^{3+}：在盐酸-硝酸中，氟铝酸钾沉淀容易生成，氟硅酸钾水解滴定操作过程中滴定终点不稳定，不断褪色，溶液中还会出现白色絮状沉淀，滴定结果显著偏高，这是氟铝酸钾的影响。硝酸可加速铝配合物的溶解，实验证明，在较高酸度 6～7.5mol/L 时，可消除 160mg Al_2O_3（一般控制盐酸-硝酸混合酸度为 3～4mol/L，至少可消除 70～80mg Al_2O_3 的干扰）。另外，控制 F^- 的含量，采用钾盐熔样防止引入大量的钠离子，在硝酸介质中沉淀，缩短沉淀搅拌放置时间等也可防止氟铝酸钾沉淀的生成。20mg TiO_2、50mg CaO、20mg ZrO_2 的干扰，加柠檬酸也可以掩蔽钛和锆，可消除钛和锆的干扰。但不能掩蔽铝，不能消除铝的干扰。另外钛的干扰与硅含量有密切关系，当硅含量低时，钛量 20mg 也不影响，但硅含量较高时，钛含量 4mg 就明显干扰，可以在沉淀前加入 H_2O_2 或草酸盐，使生成 $[TiO(H_2O_2)]^{2+}$ 或 $[TiO(C_2O_2)]^{2-}$ 可溶性配合物不沉淀。硼可生成 KBF_4 沉淀（100mL 试液中，硼含量大于 5mg 即生成 KBF_4 沉淀）干扰测定硅，可以使用含 1g/L NaF、＞120g/L KCl、pH＝5.3 的洗液洗涤，可消除硼的干扰。

（六）终点的确定——指示剂的选择

氟硅酸钾滴定法测定硅是酸碱滴定，有许多指示剂可用，实际上并非如此，因为氟硅酸钾水解后生成了两种酸：H_2F_2 和 H_2SiO_3，氢氟酸的电离常数（$K_a=7.2\times10^{-4}$）比硅酸大得多，以氢氧化钠滴定时，氢氟酸是强酸（H_2F_2）首先被滴定，不希望硅酸被滴定干扰测定，为了防止硅酸（H_2SiO_3）分解被氢氧化钠滴定，就必须控制滴定终点的 pH 为 7.5～8.0 范围内，若 pH＞8.5，则部分硅酸分解而被滴定。所以应选择适宜的指示剂：一般选用中性红（pH 为 6.8～8.0，红至亮黄）、酚红（pH 为 6.8～8.0，黄至红）、混合指示剂溴百里酚蓝-酚红（100mL 水溶液中含溴百里酚蓝、酚红各 0.1g，pH＝7.5 黄色至亮蓝紫色）也有用，硝嗪黄（黄色变浅红色 pH 为 6～7.1）、酚酞、百里酚蓝-酚红、亚甲基蓝-酚红。实践证明用混合指示剂较为灵敏，而酚酞终点拖得太长，不稳定，只有很少人使用，一般不使用在氟硅酸钾滴定中。规程中规定标定氢氧化钠标液使用酚酞，使用酚酞标定时应注意酚酞指示剂的用量应该多一些，一般用 5～10 滴，酚酞刚变红即为终点。几份平行溶液终点的红色深浅应一致。实践证明标定氢氧化钠标液改用混合指示剂并不合适。使用溴百里酚蓝-酚红指示剂时，因为指示剂的质量和生产批次不同，应注意蓝红的比例，要调节到终点时为亮蓝紫色。

（七）滴定方式

第一终点即氟硅酸钾沉淀及滤纸上洗涤后少量的残余酸，用氢氧化钠标准溶液滴定至终点，第二终点是滴定（第一终点后加入中和水）氟硅酸钾水解生成的 H^+，第二终点可以有两种方法确定：一为返滴定，加过量的氢氧化钠溶液，再用酸标准溶液滴定过量的氢氧化钠标准溶液，终点时溶液由蓝紫色变为黄色。另一种为直接滴定。

第一终点具体操作：将洗净的沉淀及滤纸打开，放入预先加了 10mL KCl（饱和）-乙醇溶液，加 2mL 指示剂，滤纸上的沉淀倒入溶液中，滤纸贴于杯壁，先滴加氢氧化钠标准溶液中和绝大部分酸，然后将滤纸捅下捣碎，继续滴定（这里如果一开始就将滤纸捣碎很困难，待部分酸中和后再捣碎会容易很多。中和时烧杯壁和搅棒上沾的残余酸不可忽视，一定要以滤纸擦净并仔细中和），溶液由黄色变为蓝紫色终点很明显，中和残余酸不计数。第一终点时要求氟硅酸钾一定丝毫没有溶解，这里包括两个意思：一是氟硅酸钾在洗涤过程中不仅一定要洗净，而且一定丝毫没有溶解，二是在滴定第一终点时，氟硅酸钾一定丝毫没有溶解。因此洗涤氟硅酸钾沉淀时要尽量洗净余酸，一般洗沉淀 7～8 次。滤纸上残余酸越少越好，这样滴定终点时生成的水量少，可保证第一终点氟硅酸钾一定丝毫没有溶解，实际操作时中和剩余酸氢氧化钠标准溶液的用量应控制在 5mL 左右，如果氢氧化钠标液的用量超过 10mL，有可能使氟硅酸钾沉淀部分溶解，测定结果偏低（如果采用抽滤并洗涤沉淀为中性，可以将沉淀用沸水溶解后直接滴定，不需要两个终点的操作）。

第二终点的具体操作：第一终点后，氟硅酸钾沉淀的水解过程是：K_2SiF_6 沉淀溶解于热水中，SiF_6^{2-} 先离解为 SiF_4，接着四氟化硅（SiF_4）迅速反应，水解生成 H_2F_2。SiF_4 水解是吸热反应，加入沸水有利于氟硅酸钾水解完全，一般操作规程中加入 150mL 沸腾的中和水（或称中性水 pH≈7.5，在此不仅考虑到氟硅酸钾的水解完全，也考虑到蒸馏水中溶解的 CO_2、酸度等影响酸碱滴定的因素，因此使用煮沸的加指示剂并用氢氧化钠标准溶液中和的水）。

$$K_2SiF_6 \longrightarrow 2K^+ + SiF_6^{2-}$$
$$SiF_6^{2-} \longrightarrow SiF_4 + 2F^-$$
$$SiF_4 + 3H_2O \longrightarrow 2H_2F_2 + H_2SiO_3$$
$$HF + NaOH \longrightarrow NaF + H_2O$$

150mL 沸腾的中和水足以使＜70mg Si 生成的氟硅酸钾沉淀完全水解，并保持滴定温度为 70～90℃，低于 50℃ 反应速率慢、终点不稳定、测定结果偏低。滴定时要不断搅拌，搅拌的方向最好顺反交替进行。

终点的确定：氢氧化钠标准溶液直接滴定要注意仔细观察颜色的变化过程：溴百里酚

蓝-酚红指示剂酸性时为黄色，滴定过程中不停地搅拌，随酸性的减弱快接近终点时颜色变化有一个过渡：由黄色逐渐变成浅紫色继续变化成灰紫色（灰色），继续滴定到终点时有一突跃——灰色突然变亮呈亮蓝紫色，继续搅拌 30s 不褪色为终点。如果褪色应该继续滴定到亮蓝紫色 30s 不褪色为终点（滴定终点时溶液温度要保持在≥50℃范围，注意不能在酸性环境中进行滴定操作）。

　　总之，氟硅酸钾滴定法测定硅方法的整个过程，有三项关键操作过程必须做好。

　　（1）首先要使氟硅酸钾沉淀完全　　沉淀条件：酸度＞3～7.5mol/L 硝盐混酸；氯化钾饱和操作溶液；氟化钾浓度＞10g/L；室温低于 35℃；搅拌 2min，放置片刻（≤10min）滤纸必须用洗液洗涤平衡。缺一不可，条件完全符合时试样溶液中硅酸的 Si 才能完全转化为氟硅酸钾沉淀。

　　（2）使氟硅酸钾纯净又没有损失　　洗涤氟硅酸钾沉淀时要洗净，还要保证氟硅酸钾沉淀不溶解。一般用 50％乙醇-氯化钾饱和溶液（饱和硝酸钾溶液或氯化钾 50g/L 50％乙醇溶液）洗涤氟硅酸钾沉淀 7～8 次，将滤纸取下，于原烧杯中，以氢氧化钠标准溶液中和残余酸，即可得到纯净的氟硅酸钾。

　　（3）使氟硅酸钾水解完全　　氟硅酸钾水解是吸热反应，为防止蒸馏水中 CO_2 及酸度的影响，使用一定体积（150mL 左右）的沸腾中和水，使氟硅酸钾沉淀完全溶解，滴定时再注意观察终点颜色的变化，就可得到测定硅的正确结果。

习　　题

　　1. 组成硅酸盐岩石矿物的主要元素有哪些？硅酸盐全分析通常测定哪些项目？

　　2. 在硅酸盐试样的分解中，酸分解法、熔融法中常用的溶（熔）剂有哪些？各溶（熔）剂的使用条件是什么？溶（熔）剂各有何特点？

　　3. 硅酸盐中二氧化硅的测定方法哪些？其测定原理是什么？各有何特点？样品如何处理？

　　4. 硅钼蓝光度法测定二氧化硅的条件是什么？如何控制？

　　5. 烧结法与熔融法有何区别？其优点是什么？

　　6. 氟硅酸钾容量法常用的分解试样的溶（熔）剂是什么？为什么？应如何控制氟硅酸钾沉淀和水解滴定的条件？最后用氢氧化钠滴定溶液时，为什么试液温度不能低于 70℃？本法的主要干扰元素有哪些？

综合实训指导

项目一　尿素肥料的质量鉴定

一、尿素测定方法　总氮含量的测定——蒸馏后滴定法（仲裁法）

原理：在硫酸铜存在下，用浓硫酸中加热，使试料中酰胺态氮转化为氨态氮，蒸馏并吸收在过量的硫酸溶液中，在指示液存在下，用氢氧化钠标准滴定溶液滴定剩余的酸。

试剂和溶液：五水硫酸铜；浓硫酸；甲基红-亚甲基蓝混合指示液；硫酸溶液：$[c(1/2H_2SO_4)=0.5000mol/L]$ 的硫酸溶液；氢氧化钠标准滴定溶液 $[c(NaOH)=0.5000mol/L]$；30%NaOH 溶液。

容积为 250mL 凯氏烧瓶、容积约 50mL 与防溅球进出口平行的滴液漏斗；直形冷凝管，有效长度约 400mm；吸收瓶；梨形玻璃漏斗。

分析步骤

1. 称量 0.2～0.3g 样品（精确至 0.0001g）于小烧杯中，加入 10mL 浓硫酸、0.3g 硫酸铜，在通风橱内缓慢加热，使二氧化碳逸尽，然后逐步提高加热温度，直至冒白烟，再继续加热 20min 后停止加热，待烧杯中试液充分冷却后，小心加入 100mL 水、30mL30%NaOH 溶液进行蒸馏。

2. 吸收瓶中准确加入 40.00mL $c(\frac{1}{2}H_2SO_4)=0.5000mol/L$ 硫酸溶液、4～5 滴混合指示液，并保证仪器所有连接部分密封。加热蒸馏，直到吸收瓶中的溶液量达 120mL 时停止加热，拆下防溅球管，用水洗涤冷凝管，洗涤液收集在吸收瓶中。将吸收瓶中的溶液混匀，用氢氧化钠标准滴定溶液滴定，直至指示液呈灰绿色，滴定时要使溶液充分混匀。

3. 分析结果的计算

$$w(N)=\frac{(c_1V_1-c_2V_2)\times0.01400}{m}\times100\%$$

式中　V_1——硫酸标准溶液的体积，mL；

　　　c_1——硫酸标准溶液的浓度，mol/L；

　　　V_2——消耗氢氧化钠标准溶液的体积，mL；

　　　c_2——氢氧化钠标准溶液的浓度，mol/L；

　　　m——试样的质量，g。

允许差：平行测定结果的绝对差值不大于 0.10%；不同实验室测定结果的绝对差值不大于 0.15%。

二、尿素中缩二脲含量的测定——分光光度法

原理：缩二脲在硫酸铜、酒石酸钾钠的碱性溶液中生成蓝紫色配合物，在波长为

550nm 处测定其吸光度。

试剂和溶液：15g/L 硫酸铜（$CuSO_4 \cdot 5H_2O$，GB665）。溶液：称量 15g 硫酸铜溶解于水中，稀释至 1000mL。

50g/L 酒石酸钾钠（$NaKC_4H_4O_6 \cdot 4H_2O$）碱性溶液：称量 50g 酒石酸钾钠溶解于水中，加入 40g 氢氧化钠，稀释至 1000mL；约 $c(\frac{1}{2}H_2SO_4)=0.1mol/L$ 硫酸（GB 625）溶液；约 $c(NaOH)=0.1mol/L$ 氢氧化钠（GB 629）溶液；氨水，100g/L 溶液：量取氨水 220mL，用水稀释至 500mL；丙酮（GB 686）；2.00g/L 缩二脲标准溶液。2.00g/L 缩二脲标准溶液的配制：称量缩二脲 1.000g，溶于 450mL 水中，用硫酸或氢氧化钠溶液调节溶液的 pH＝7，定量移入 500mL 容量瓶中，稀释至刻度，混匀。此溶液 1mL 含缩二脲 2.00mg。

分析步骤

1. 标准曲线的绘制

（1）标准比色溶液的制备　适用于 3cm 光径长度比色皿的光度测量。按下表所示量，将缩二脲标准溶液注入 8 个 100mL 容量瓶中。

缩二脲标准溶液的体积/mL	缩二脲的对应量/mg
0	0
2.5	5
5.0	10
10.0	20
15.0	30
20.0	40
25.0	50
30.0	60

每个容量瓶用水稀释至 100mL，然后依次加入 20.0mL 酒石酸钾钠碱性溶液和 20.0mL 硫酸铜溶液，摇匀，稀释至刻度，把容量瓶浸入 30℃±5℃ 的水浴中约 20min，不时摇动。

（2）光度测定　在 30min 内，以缩二脲吸光度为零的溶液作为参比溶液，在波长 550nm 处，用分光光度计测定标准比色溶液的吸光度。

（3）标准曲线的绘制　以 100mL 标准比色溶液中所含缩二脲的体积（以 mL 计）为横坐标，以相应的吸光度为纵坐标，作图。

2. 测定

（1）试样及试液制备　称量 4～5g 试样，精确至 0.0001g，置于 250mL 烧杯中，加水约 40mL，溶解，将溶液定量移入 100mL 容量瓶中，稀释至刻度，摇匀。然后依次加入 20.0mL 酒石酸钾钠碱性溶液和 20.0mL 硫酸铜溶液，摇匀，稀释至刻度，把容量瓶浸入 30℃±5℃ 的水浴中约 20min，不时摇动。

（2）分析结果的计算　从标准曲线上查出所测吸光度对应的缩二脲的量。

试样中缩二脲含量 x 以质量分数（%）表示，所得结果应表示至两位小数。

允许差　平行测定结果的绝对差值不大于 0.05%；不同实验室测定结果的绝对差值不大于 0.08%；取平行测定结果的算术平均值为测定结果。

三、尿素碱度的测定——容量法

原理

在指示液存在下，用盐酸标准溶液滴定样品的碱度。

试剂和溶液：分析中，除非另有说明，限用分析纯试剂、蒸馏水或相同纯度的水。甲基红（HG 3-958）；亚甲基蓝；95％乙醇（GB 678）；混合指示液，甲基红-亚甲基蓝乙醇溶液，在约 50mL95％乙醇中，溶解 0.1g 甲基红、0.05g 亚甲基蓝，溶解后，用相同规格的乙醇稀释到 100mL，混匀；$c(HCl)=0.1mol/L$ 盐酸（GB 622）标准滴定溶液，按 GB/T 601 配制与标定。

仪器：一般实验室仪器。

分析步骤：

称量约 50g 试样，精确到 0.05g，置于 500mL 锥形瓶中，加约 350mL 水溶解，加入 3～5 滴混合指示液，然后用盐酸标准滴定溶液滴定到溶液呈灰绿色。

分析结果的计算：

$$w(NH_3)=\frac{Vc\times0.017}{m\times1000}$$

式中　V——测定时消耗标准滴定溶液的体积，mL；

c——盐酸标准滴定溶液的浓度，mol/L；

0.017——与 1.00mL 盐酸标准滴定溶液 $c(HCl)=1.000mol/L$ 相当的以 g 表示的氨的质量；

m——样品的质量，g。

允许差　平行测定结果的绝对差值不大于 0.001％；不同实验室测定结果的绝对差值不大于 0.002％；取平行测定结果的算术平均值为测定结果。

四、95% 乙醇中水分的测定——卡尔·费休法

原理：存在于试样中的水分，与已知水当量的卡尔·费休试剂进行定量反应，反应式如下：

$$SO_2+I_2+2H_2O \Longleftrightarrow 2HI+H_2SO_4$$

试剂：卡尔·费休试剂。

仪器：卡尔·费休直接电量滴定仪器。

分析步骤：准确取 95％乙醇 $2\mu L$，注入反应瓶中，开动电磁搅拌器，以卡尔·费休试剂滴定至终点，记录测定结果。

分析结果的计算：

$$x(H_2O)=\frac{读数}{2}(\mu g/\mu L)$$

项目二　普通硅酸盐水泥的质量鉴定

一、氧化铁的测定

原理：在 pH＝1.8～2 及 60～70℃ 的溶液中，以磺基水杨酸钠为指示剂，用 EDTA 滴定。

试剂：氨水（1＋1）、盐酸（1＋1）、磺基水杨酸钠（10％）、0.015mol/L 的 EDTA、

精密 pH 试纸（0.5～5.0）。

分析步骤：（1）准确称取 0.2～0.3g 普通硅酸盐水泥试样于石墨坩埚中，加 5g 氢氧化钠固体于 650～700℃的高温炉中加热 20min 后，冷却后取出熔块于中号烧杯中，加入 100mL 蒸馏水、25mL 盐酸、1mL 硝酸，盖上表面皿在电炉上加热，待熔块完全溶解后，用干过滤的方法过滤于 250mL 容量瓶中，用少量蒸馏水洗涤烧杯后（洗涤液也要过滤于容量瓶中），然后用蒸馏水定容于刻线，摇匀，备用。

（2）从容量瓶中准确移取 50mL 的溶液于 300mL 烧杯中，加 50mL 水稀释到 100mL，用氨水（1+1）和盐酸（1+1）调至 pH＝1.8～2.0（用精密 pH 试纸检验）。将溶液加热至 70℃，加 10 滴磺基水杨酸钠（10％）指示剂，以 0.015mol/L 的 EDTA 标准溶液滴定至亮黄色（终点时溶液温度应在 60℃左右）。

结果计算：

$$w(\text{Fe}_2\text{O}_3)=\frac{cV\times\dfrac{250}{50}\times M\left(\dfrac{1}{2}\text{Fe}_2\text{O}_3\right)}{m\times1000}\times100\%$$

式中　　　c ——EDTA 标准溶液的浓度，mol/L；

　　　　　V ——滴定 EDTA 标准溶液的体积，mL；

$M\left(\dfrac{1}{2}\text{Fe}_2\text{O}_3\right)$ ——氧化铁的摩尔质量，g/mol；

　　　　　m ——试样的质量，g。

二、二氧化钛的测定

原理：在酸性溶液中 TiO^{2+} 与二安替比林甲烷溶液生成黄色配合物，于波长 420nm 处测定其吸光度，用抗坏血酸消除 Fe^{3+} 的干扰。

试剂：氢氧化钠固体、盐酸、硝酸、0.02mg/mL 二氧化钛的标准溶液（用二氯化钛配制）、抗坏血酸（5g/L）、95％乙醇、二安替比林甲烷溶液（30g/L）。

分析步骤：（1）准确称取 0.2～0.3g 的普通硅酸盐水泥试样于石墨坩埚中，加 7g 氢氧化钠固体于 650～700℃的高温炉中加热 20min 后，冷却后取出熔块于中号烧杯中，加入 100mL 蒸馏水、25mL 盐酸、1mL 硝酸，盖上表面皿在电炉上加热，待熔块完全溶解后，用干过滤的方法过滤于 250mL 容量瓶中，用少量的蒸馏水洗涤烧杯后（洗涤液也要过滤于容量瓶中），然后用蒸馏水定容于刻线，摇匀，备用。

（2）工作曲线的绘制：吸取 0.02mg/mL 二氧化钛的标准溶液 0mL、2.50mL、5.00mL、7.50mL、10.00mL、12.50mL、15.00mL，分别放入 100mL 的容量瓶中，依次加入 10mL 盐酸（1+2）、10mL 抗坏血酸（5g/L）、5mL 95％乙醇、20mL 二安替比林甲烷溶液（30g/L），用水稀释至标线，摇匀。放置 40min 后，用分光光度计 1cm 比色皿，以水作参比，于 420nm 处测定溶液的吸光度，用测得的吸光度作为相对应的二氧化钛含量的函数，绘制工作曲线。

（3）取试液 25mL 放入 100mL 容量瓶中，同工作曲线的测定步骤，加入显色剂显色比色后，在工作曲线上查出二氧化钛的含量。

结果计算：在工作曲线上查出二氧化钛的含量，计算出普通硅酸盐水泥中二氧化钛的质量分数。

三、二氧化硅的测定

原理：

$$SiO_2 + 2KOH \longrightarrow K_2SiO_3 + H_2O$$

$$K_2SiO_3 + 6KF + 6HNO_3 \longrightarrow 6KNO_3 + K_2SiF_6\downarrow + 3H_2O$$

$$K_2SiF_6 + 3H_2O \longrightarrow 2KF + H_2SiO_3 + 4HF$$

$NaOH$ 为标准溶液滴定 HF，酚酞为指示剂。

试剂：氢氧化钾固体、硝酸、氯化钾固体、氟化钾溶液（15%）、95%乙醇、酚酞指示剂（1%）、0.1mol/L 的氢氧化钠。

分析步骤：（1）取试样 0.4～0.5g，加入 6g 氢氧化钾固体于镍坩埚中，在酒精喷灯上熔样 10min。

（2）冷却后，量取（1+1）硝酸 25mL，分多次溶解坩埚中内容物，并转移到 300mL 的烧杯中，再用少量的蒸馏水润洗坩埚 5 次（总体积不得超过 200mL），向烧杯中加入 1mL 浓硝酸，将溶液移至 250mL 容量瓶中，稀至刻线，摇匀，备用。

（3）准确移取 50mL 容量瓶中的溶液于 300mL 塑料烧杯中，加入 10mL 浓硝酸，搅拌，冷却至 30℃以下，加入 3g 氯化钾固体，仔细搅拌至有少量氯化钾固体析出，再加 2g 氯化钾及 10mL 氟化钾溶液（15%），放置 20min 后用中速滤纸过滤，塑料烧杯及沉淀用氯化钾（5%）洗涤 3 次，将滤纸及沉淀取下置于原塑料杯中，沿塑料杯壁加入 10mL 氯化钾-乙醇（5%）溶液，及 1mL 酚酞指示剂，用 0.5mol/L 的氢氧化钠标准溶液中和至呈稳定的红色后（不计氢氧化钠的体积），加入 200mL 的沸水，用 0.1mol/L 的氢氧化钠标准溶液滴定至浅粉红色 30s 不褪为终点。

结果计算：

$$w(SiO_2) = \frac{c(NaOH) \times 15.02V}{m \times 1000} \times 100\%$$

式中 c——氢氧化钠标准溶液的浓度，mol/L；

V——滴定氢氧化钠标准溶液的体积，mL；

m——试样的质量，g；

15.02——换算系数。

四、氧化锰的测定

原理：试样与碳酸钠-硼砂熔剂混合后放入石墨坩埚中，在 950℃ 熔融，以稀硝酸溶解后用磷酸掩蔽三价铁，在硫酸介质中，用高碘酸钾将锰氧化成高锰酸，在 530nm 处测定溶液的吸光度。

试剂：石墨粉、碳酸钠、硼砂、硝酸、硫酸、0.05mg/mL 二氧化锰标准溶液（用硫酸锰配制）、磷酸、高碘酸钾固体。

分析步骤：（1）准确称取 0.3～0.4g 试样于石墨坩埚中，加入 3g 碳酸钠-硼砂混合熔剂，在 950℃ 熔融 15min 后，冷却，取出熔融物于 500mL 烧杯中，加入 50mL 硝酸（1+9）及 100mL 硫酸（5+95），并加热至熔融物溶解，冷却后干过滤于 250mL 容量瓶中，定容至刻线，摇匀，备用。

（2）工作曲线的绘制：分别向 150mL 烧杯中加入 0mL、2.00mL、6.00mL、10.00mL、

14.00mL 的二氧化锰标准溶液，加入 5mL 磷酸（1+1）、10mL 硫酸（1+1），然后用水稀释到 50mL，加入 1g 高碘酸钾，在电炉上加热至沸并保持 15min，冷却后移入 100mL 容量瓶中，加水至刻线，摇匀备用，用 1cm 比色皿、水作参比于 530nm 处比色分析。

（3）从 250mL 容量瓶中准确移取 50mL 试液于小烧杯中，加入 5mL 磷酸（1+1）、10mL 硫酸（1+1），加入 1g 高碘酸钾，在电炉上加热至沸并保持 15min，冷却后移入 100mL 容量瓶中加水至刻线，摇匀，备用，用 1cm 的比色皿、水作参比于 530nm 处比色分析。

结果计算：在工作曲线上查找出二氧化锰的含量，计算出普通硅酸盐水泥中二氧化锰的质量分数。

项目三 复合肥成品分析

一、水溶性磷含量的测定——磷钼酸喹啉滴定分析法

原理：试样经水萃取水溶性磷后，在酸性条件下磷酸用喹钼柠酮沉淀，得到的磷钼酸喹啉沉淀经过过滤、洗涤后，溶解于过量的氢氧化钠溶液中，用盐酸溶液返滴定过量的氢氧化钠溶液，以百里香酚蓝-酚酞为指示剂。

试剂：（1+1）硝酸、喹钼柠酮、0.25mol/L NaOH、0.25mol/L HCl、百里香酚蓝-酚酞（3+2）。

分析步骤：1. 称取 2.4～2.5g 试样于短颈漏斗中，量取 200mL 蒸馏水，分多次将试样冲入容量瓶中，塞上瓶塞，用力振动 30min 后，用蒸馏水稀至刻度，摇匀备用。

2. 采用干过滤的方式，将容量瓶中的溶液滤至小烧杯中（小烧杯必须先用滤液润洗三次），用 25mL 移液管移取小烧杯中的试液于 500mL 大烧杯中，加（1+1）硝酸 10mL、35mL 喹钼柠酮，于电炉上加热煮沸 3min，之后冷却。

3. 将所得的沉淀用倾泻法过滤，用蒸馏水少量多次洗涤沉淀后，直到用小烧杯接收 20mL 滤液加 1 滴混合指示剂和 2 滴 0.25mol/L NaOH 溶液显紫色为止。

4. 将沉淀和滤纸移入原烧杯中，加入冷蒸馏水 100mL，再准确加入 50.00mL 0.25mol/L NaOH 标准溶液，充分搅拌至沉淀溶解完全后，加入 1mL 的混合指示剂，用 0.25mol/L HCl 标准溶液滴定至溶液从紫色经灰蓝色到黄色为终点。

分析结果的计算：

$$w(P_2O_5) = \frac{[50.00c(NaOH) - c(HCl)V(HCl)] \times 0.002730}{m \times \frac{25}{250}} \times 100\%$$

式中　$c(NaOH)$——氢氧化钠标准溶液的浓度，mol/L；

　　　$c(HCl)$——盐酸标准溶液的浓度，mol/L；

　　　m——试样的质量，g；

　　0.002730——换算系数；

　　　$V(HCl)$——滴定盐酸标准溶液消耗的体积，mL。

二、有效磷含量的测定——磷钼酸喹啉滴定分析法

原理：试样经稀酸萃取有效磷后，在酸性条件下磷酸用喹钼柠酮沉淀，得到的磷钼酸喹啉沉淀经过滤、洗涤后，溶解于过量的氢氧化钠溶液中，用盐酸溶液返滴定过量的氢氧化钠

溶液，以百里香酚蓝-酚酞为指示剂。

试剂：（1＋1）硝酸、喹钼柠酮、0.25mol/L NaOH、0.25mol/L HCl、百里香酚蓝-酚酞（3＋2）。

分析步骤：1. 称取 2.4～2.5g 试样于短颈漏斗中，量取 200mL 蒸馏水分多次将试样冲入已装有 5mL（1＋1）硝酸的容量瓶中，塞上瓶塞，用力振动 30min 后，用蒸馏水稀至刻度，摇匀备用。

2. 采用干过滤的方式，将容量瓶中的溶液滤至小烧杯中（小烧杯必须先用滤液润洗三次），用 25mL 移液管移取小烧杯中的试液于 500mL 大烧杯中，加（1＋1）硝酸 10mL、35mL 的喹钼柠酮，于电炉上加热煮沸 3min，之后冷却。

3. 将所得的沉淀用倾泻法过滤，用蒸馏水少量多次洗涤沉淀后，直到用小烧杯接收 20mL 滤液加 1 滴混合指示剂和 2 滴 0.25mol/L NaOH 溶液显紫色为止。

4. 将沉淀和滤纸移入原烧杯中，加入冷蒸馏水 100mL，再准确加入 50.00mL 0.25mol/L NaOH 标准溶液，充分搅拌至沉淀溶解完全后，加入 1mL 的混合指示剂，用 0.25mol/L HCl 标准溶液滴定至溶液从紫色经灰蓝色到黄色为终点。

分析结果的计算：

$$w(P_2O_5) = \frac{[50.00c(NaOH) - c(HCl)V(HCl)] \times 0.002730}{m \times \frac{25}{250}} \times 100\%$$

式中　$c(NaOH)$——氢氧化钠标准溶液的浓度，mol/L；

　　　$c(HCl)$——盐酸标准溶液的浓度，mol/L；

　　　m——试样的质量，g；

　0.002730——换算系数；

　$V(HCl)$——滴定盐酸标准溶液消耗的体积，mL。

三、总磷含量的测定——磷钼酸喹啉滴定分析法

原理：试样经强酸长时间作用后得到的总磷，在酸性条件下磷酸用喹钼柠酮沉淀，得到的磷钼酸喹啉沉淀经过过滤、洗涤后，溶解于过量的氢氧化钠溶液中，用盐酸溶液返滴定过量的氢氧化钠溶液，以百里香酚蓝-酚酞为指示剂。

试剂：盐酸＋硝酸（1＋3）、喹钼柠酮、0.25mol/L NaOH、0.25mol/L HCl、百里香酚蓝-酚酞（3＋2）。

分析步骤：1. 称取 0.9～1g 的试样于 300mL 小烧杯中，加入 25mL 的盐酸＋硝酸（1＋3）的混合酸，盖上表面皿，加热至沸并保持微沸 30min，之后加入 50mL 水，加热至沸并保持微沸 15min。冷却，定量转移至 250mL 容量瓶中，稀至刻度，摇匀，备用。

2. 采用干过滤的方式，将容量瓶中的溶液滤至小烧杯中（小烧杯必须先用滤液润洗三次），用 25mL 的移液管移取小烧杯中的试液于 500mL 大烧杯中，加（1＋1）硝酸 10mL、35mL 的喹钼柠酮，于电炉上加热煮沸 3min，之后冷却。

3. 将所得的沉淀用倾泻法过滤，用蒸馏水少量多次洗涤沉淀后，直到用小烧杯接收 20mL 滤液加 1 滴混合指示剂和 2 滴 0.25mol/L NaOH 溶液显紫色为止。

4. 将沉淀和滤纸移入原烧杯中，加入冷蒸馏水 100mL，再准确加入 50.00mL 0.25mol/L NaOH 标准溶液，充分搅拌至沉淀溶解完全后，加入 1mL 的混合指示剂，用

0.25mol/L HCl 标准溶液滴定至溶液从紫色经灰蓝色到黄色为终点。

分析结果的计算：

$$w(P_2O_5) = \frac{[50.00c(NaOH) - c(HCl)V(HCl)] \times 0.002730}{m \times \dfrac{25}{250}} \times 100\%$$

式中　$c(NaOH)$——氢氧化钠标准溶液的浓度，mol/L；

　　　$c(HCl)$——盐酸标准溶液的浓度，mol/L；

　　　m——试样的质量，g；

　　0.002730——换算系数；

　　$V(HCl)$——滴定盐酸标准溶液消耗的体积，mL。

四、游离酸的测定

原理：用水提取出样品中存在的少量酸，用酸度计进行测定。

试剂：0.15mol/L NaOH。

分析步骤：称取 5g 试样于 250mL 容量瓶中，加入 100mL 水，振荡 15min 后，稀至刻度，摇匀，备用。采用干过滤的方式，将容量瓶中的溶液滤至小烧杯中（小烧杯必须先用滤液润洗三次），用 25mL 的移液管移取 50mL 试液于小烧杯中，加入磁力搅拌子，将烧杯放在磁力搅拌器上，再将甘汞电极和玻璃电极浸入被测液中，用已校正好的酸度计在不断搅拌下用 0.15mol/L NaOH 标准溶液滴定至溶液的 pH=4.5 为止。记下 NaOH 标准溶液的用量。

分析结果的计算：

$$w(游离酸) = \frac{c(NaOH)V(NaOH) \times 0.071}{m \times \dfrac{50}{250}} \times 100\%$$

式中　$c(NaOH)$——氢氧化钠标准溶液的浓度，mol/L；

　　　m——试样的质量，g；

　　　$V(NaOH)$——滴定氢氧化钠标准溶液消耗的体积，mL；

　　　0.071——换算系数。

五、水分的测定

原理：在规定的温度下，试样经加热后失去的质量即为水分的含量。

仪器：烘箱；直径 50mm、高 30mm 的称量瓶。

测定步骤：称取 10g 试样，精确至 0.1g，置于预先在 100℃±2℃ 干燥至恒重的称量瓶中，揭开瓶盖置于烘箱中，干燥 3h 后取出，放入干燥器中冷却到室温，称量。

$$w(H_2O) = \frac{m - m_1}{m} \times 100\%$$

式中　m——干燥前试样的质量，g；

　　　m_1——干燥后试样的质量，g。

六、有效氧化钾含量的测定——四苯硼钠重量法

原理：利用钾与四苯硼钠生成不溶于水的四苯硼钾来进行测定。

试剂：50g/L NaOH；（1+1）硝酸；氯化铝；活性炭；百里香酚蓝指示剂：1g/1.2%

的乙醇溶液。四苯硼钠：10g/L 溶液，称取 2.5g 四苯硼钠于 500mL 烧杯中，加水 10mL 溶解后，加入 0.5g 氯化铝、0.5g 活性炭，搅拌 10min 后，用滤纸进行多次过滤后，全部滤液收集到 250mL 容量瓶中，加入 50g/L NaOH 标准溶液 2mL，用水稀释至刻度，摇匀，放置 48h，备用。

四苯硼钠：1g/L。

测定步骤：1. 称取 4～5g 试样，量取 200mL 蒸馏水分多次将试样冲入容量瓶中，塞上瓶塞，用力振荡 30min 后，用蒸馏水稀至刻度，摇匀备用。

2. 采用干过滤的方式，将容量瓶中的溶液滤至小烧杯中（小烧杯必须先用滤液润洗三次），用 25mL 移液管移取小烧杯中的试液于中号烧杯中，加入 5 滴百里香酚蓝指示剂，用 (1+1) 硝酸调整到溶液显黄红色，在不断搅拌下，逐滴加入 10g/L 四苯硼钠溶液 15mL，继续搅拌 1min，静置 10min（不得超过 30min）。

3. 用预先已恒重的玻璃坩埚过滤，用 15mL 1g/L 的四苯硼钠溶液洗涤沉淀 5 次，再用 4mL 的水洗涤 2 次，将玻璃坩埚连同沉淀置于 120℃ 的烘箱中干燥 1.5h 后，移入干燥器中冷却，称量。同时进行空白试验。

$$w(K_2O) = \frac{(m_1 - m_2) \times 0.1314}{m \times 10} \times 100\%$$

式中 m ——试样的质量，g；

m_1 ——四苯硼钾的质量，g；

m_2 ——空白试验消耗四苯硼钾的质量，g。

七、可溶性硅含量的测定

原理：

$$SiO_2 + 2NaOH \longrightarrow Na_2SiO_3 + H_2O$$
$$Na_2SiO_3 + 2HCl \longrightarrow H_2SiO_3 + 2NaCl$$
$$H_2SiO_3 + 3H_2F_2 \longrightarrow H_2SiF_6 + 3H_2O$$
$$H_2SiF_6 + 2KCl \longrightarrow K_2SiF_6 \downarrow + 2HCl$$
$$K_2SiF_6 + 3H_2O \longrightarrow 4HF + H_2SiO_3 + 2KF$$
$$HF + NaOH \longrightarrow NaF + H_2O$$

试剂：氯化钾：50g/L 乙醇溶液，溶解 5g 氯化钾于 50mL 水中，用 95％乙醇稀释至 100mL。

氟化钾：5g/L 溶液；$c(HCl) = 0.5mol/L$；$c(NaOH) = 0.1mol/L$；硝酸；酚酞：10g/L 的乙醇溶液；过氧化氢；混合指示剂：0.08g 溴百里酚蓝和 0.1g 酚红溶于 20mL 95％乙醇中，加 50mL 水，用氢氧化钠调至红紫色，再用水稀释到 100mL。

测定步骤：称取 10g 样品（精确至 0.0002g），置于 250mL 容量瓶中，加入 $c(HCl) = 0.5mol/L$ 150mL，塞紧瓶塞振荡 30min，定容后，干过滤于小烧杯中。

准确移取 25mL 滤液于 500mL 塑料烧杯中，加 25mL 水、2g 氯化钾、10mL 硝酸，用塑料棒搅拌至大部分氯化钾溶解，边搅拌边加入 6mL 5g/L 氟化钾溶液，放置 10min 后，用滤纸在塑料漏斗中过滤，用氯化钾的乙醇溶液洗涤沉淀 6～7 次，将滤纸连同沉淀移入 500mL 的塑料烧杯中，用塑料棒将滤纸捣碎，加 8mL 的 95％乙醇、1mL 的溴百里酚蓝-酚红混合指示剂，用 $c(NaOH) = 0.1mol/L$ 的 NaOH 溶液滴定至黄色褪去显稳定的蓝紫色（不计 NaOH 的用量），在塑料烧杯中加入 150mL 的沸水，用 $c(NaOH) = 0.1mol/L$ 的

NaOH 标准溶液滴定从黄色到浅紫色为终点，记下 NaOH 的用量。

结果计算：$w(\mathrm{SiO_2}) = \dfrac{c(\mathrm{NaOH})(V-V_0) \times 0.01502}{m \times \dfrac{25}{250}} \times 100\%$

式中　$c(\mathrm{NaOH})$——氢氧化钠标准溶液的浓度，mol/L；

m ——试样的质量，g；

V ——滴定氢氧化钠标准溶液消耗的体积，mL；

V_0 ——空白试验所消耗的 NaOH 的体积，mL。

参 考 文 献

[1] 张小康，张正兢. 工业分析. 第 2 版. 北京：化工工业出版社，2009.

[2] 李党生，季剑波. 分析检验技术. 上海：上海交通大学出版社，2009.